精彩作品赏析

Splendid Works Appreciation

U0380485

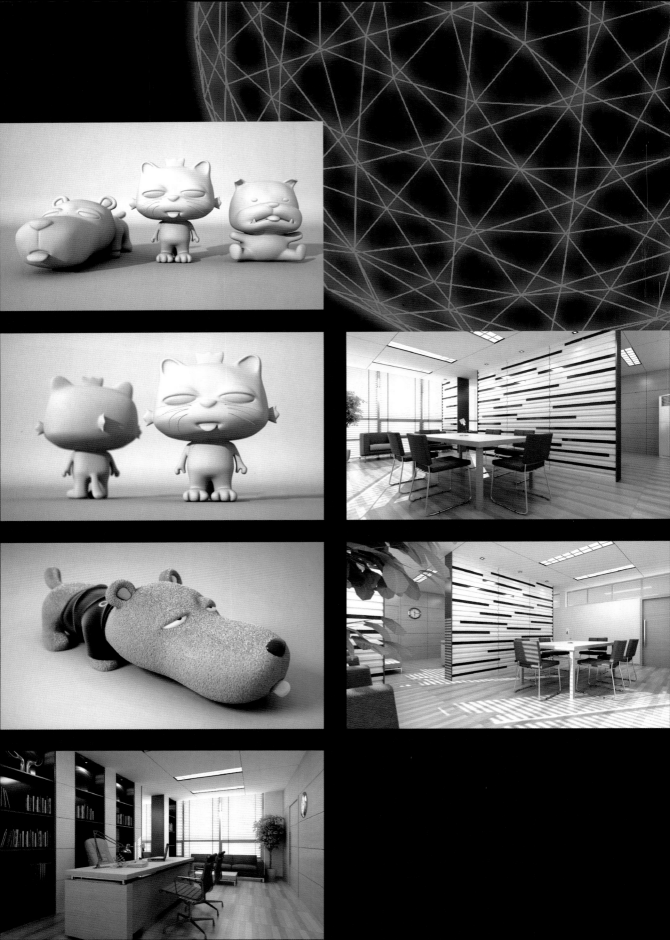

sign for Virtual Environment

虚拟环境设计
——从建模到动画案例详解

汪浩文　著

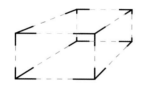

·南京·

东南大学出版社

内 容 提 要

本书着重介绍在虚拟环境设计领域，利用 3ds Max 结合 VRay、Photoshop 及 After Effects 等软件，快速、精确完成设计作品的工作流程及应用技巧。其显著特点是运用较少的命令语言和灵活的命令组合方式完成风格多变的设计作品，从而有效避免设计者的创造天赋被繁琐的命令语言所干扰。全书共分为五章，内容涵盖多边形基础建模、曲面高级建模、渲染表现以及动画创作等多个知识模块，每章均结合典型案例进行详细讲解，并遵循由浅入深、循序渐进的教学方法，确保读者能切实理解和掌握各个知识要点。

本书不仅适用于环境设计专业初学者使用，也同样适用于建筑设计、影视广告等相关设计类专业人员使用，还可以作为大专院校相关专业的教材和自学指导用书。

图书在版编目（CIP）数据

虚拟环境设计：从建模到动画案例详解 / 汪浩文著
.— 南京东南大学出版社，2014.12

ISBN 978-7-5641-5382-3

I. ①虚… II. ①汪… III. ①计算机应用 — 环境设计
IV. ① TU-856

中国版本图书馆 CIP 数据核字（2014）第 294387 号

虚拟环境设计——从建模到动画案例详解

著　　者	汪浩文
责任编辑	宋华莉
编辑邮箱	52145104@qq.com
出版发行	东南大学出版社
出 版 人	江建中
社　　址	南京市四牌楼 2 号（邮编：210096）
网　　址	http://www.seupress.com
电子邮箱	press@seupress.com
印　　刷	南京顺和印刷有限责任公司
开　　本	889mm×1194mm　　1/16
印　　张	18.5
字　　数	486 千字
版 印 次	2014 年 12 月第 1 版第 1 次印刷
书　　号	ISBN 978-7-5641-5382-3
定　　价	98.00 元
经　　销	全国各地新华书店
发行热线	025-83790519　83791830

（本社图书若有印装质量问题，请直接与营销部联系，电话：025-83791830）

二十一世纪被誉为信息时代，数字化虚拟表现技术已广泛运用于环境设计等众多领域，它将设计者的双手从繁重、低效的重复劳动中解放出来，并且大幅度提高了设计创造力与视觉感染力。环境设计专业学科的交融性较广，需要从业者具备一定的建筑设计、工业设计等相关学科知识作为理论支撑。因此，相比较于其他设计类专业而言，数字化虚拟表现技术的要求更加细致和具体，这也意味着作为高校的教学人员需要在不断地探索中求得发展，积极寻找符合社会发展趋势的教学创新途径，从而培养出更多科学与艺术相结合的高质量复合型人才。

目前，数字化虚拟表现的相应课程在高校环境设计专业办学中已全面开设，如Photoshop、AutoCAD、3ds Max、After Effects等软件教学在二维、三维设计表现课程群中陆续设置。在具体教学环节中，往往通过千篇一律的讲授式教学让学生仅能了解到技术层面的基本知识，至于如何将数字化虚拟技术与环境设计专业有机结合，却成为被忽视的问题，因此如何利用数字化虚拟技术培养学生的创新精神与实践能力成为了一个值得探讨的新课题。

汪浩文作为我院的一名青年教师，在该专业教学与专业实践方面颇具经验。此次由他在编著新书《虚拟环境设计——从建模到动画案例详解》的过程中，投入了大量的时间与精力，主要从以市场需求为导向的教学要求出发，将理论与实践紧密结合，针对本科生基础中的薄弱环节进行系统化的梳理，并配合生动有趣的实践案例进行重点讲解，主张以较少的命令语言通过灵活搭配的方式去完成不同风格的设计作品，从而完成高校传统教学中难以实现的教学目标，同时也保证了设计者的创造天赋不被命令语言的局限性所削弱。

环境设计专业的实践性非常强，在专业教学的过程中，如何既能让学生培养出独特、美妙的创意设计理念，又能掌握随着时代发展的步伐应运而生的最新表现技术和手段，是摆在环境设计专业教师面前的重要任务。

通读全书，能够感受到汪浩文对于该领域教学中细节的专注，他以高效、精准的表现手法，用真心和诚意，同大家分享他的设计思路。相信每一位读者都会从本书的字里行间中体会出他对创意理解与设计表现所追寻的答案。

南京航空航天大学艺术学院院长　张捷

二〇一四年九月

前言

随着经济全球化发展，虚拟环境设计受到国外设计的冲击与影响，行业竞争日益激烈，对虚拟环境设计提出了更新更高的要求。从业人员为了适应岗位需求与提高聘岗几率，需要具有较强的模型建模能力、场景渲染能力以及动画创作能力。因此，本书围绕以上三个层面知识体系，探索并分享一套积极有效且适应当今虚拟环境设计长足发展的创作思路与方法，也希望能够对读者今后专业实践提供一些参考和帮助。

本书分为五章，每章均以典型范例为对象，详细介绍3ds Max配合VRay、Photoshop、After Effects从建模到渲染再到动画的整体创作流程以及应用技巧，重点讲解如何以较少的命令步骤，高效精准的完成虚拟设计的表现方法。

本书第一章以虚拟卫生间场景为对象，全面介绍场景建模的常规操作流程，方便读者对基础建模有初步的认识与掌握。

第二章以虚拟卫具模型为对象，着重介绍家具类模型创建方法与模型优化原理。让读者在巩固前一章的基础上，能够具备一定高级模型创建能力。

第三章以创建虚拟卡通猫为对象，重点强调四边形布线建模原理与方法，让读者具备一定曲面模型创建能力与模型细化能力。

第四章则介绍客厅空间在日光系统下配合人工照明的渲染方法，倡导以写实的表现手法结合自身艺术审美，淋漓尽致地表现灯光材质之间的丰富层次关系。

第五章以办公空间为塑造对象，介绍如何制作三维漫游动画分镜与生动活泼的变形生长动画，利用夸张的艺术手法把握动画运动规律与节奏。

本书采用图文并茂的方式，紧密结合笔者多年的教学经验与项目实践经验，从虚拟环境设计的具体步骤出发，深入浅出地将虚拟环境设计各个领域的技术重点与设计表现相关思路介绍给读者。内容详尽生动，循序渐进，易于掌握，适用于建筑设计、影视广告等相关设计类专业人员作为自学指导用书，也可作为大专院校相关专业教材使用。

由于时间仓促，书中难免有疏漏之处，还请各位读者不吝指正。

本书是本人主持的南京航空航天大学本科专业建设项目——虚拟环境三维动画子项目阶段性成果（项目编号：1411ZJ03SJ01），在此本人向学校一直以来对项目开展给予的鼓励与支持致以诚挚的感谢。

本书在编写过程中得到南京航空航天大学艺术学院院长张捷教授，环境设计专业李伟、赵中建两位教授的指导与帮助，使得本书框架清晰，内容翔实，在此表示衷心的感谢。

感谢我的挚友南京航空航天大学唐琳云硕士帮助我承担第四章撰写工作，并花费大量时间帮我核查各种琐碎的操作步骤。感谢我院环境设计专业硕士研究生何璇、刘广珑同学为版面设计、装帧设计所做的大量工作。

汪浩文

二〇一四年九月于南京

CONTENTS 目录

FIRST
CHAPTER

Design for Virtual Environment

第一章

第一章 创建虚拟卫生间场景

在环境设计专业领域，大多数的空间场景都使用多边形建模方法，多边形建模从技术角度来讲比较容易掌握，在创建复杂表面时，细节部分可以任意加线、去线，在结构穿插关系较复杂的模型中能够体现出独特优势，并且在一些环境设计曲面造型的建立过程中，能够将模型以较少的面片数去表现较高的模型精度。同时该技术也被广泛应用到工业设计、影视动画、游戏角色、建筑设计等各个计算机设计表现专业领域。

本章节就环境设计的室内空间多边形建模的基础知识配合实际案例虚拟卫生间设计进行重点讲解。

1.1 空间基本形的确立

1. 打开 3ds Max 2014 版本，单击 Top 视图按快捷键【G】关闭格栅，用相同办法依次关闭 Front、Left 两视图格栅，单击主菜单【Customize】，在其下拉菜单中单击选择【Units Setup】，如图 1-1 所示。

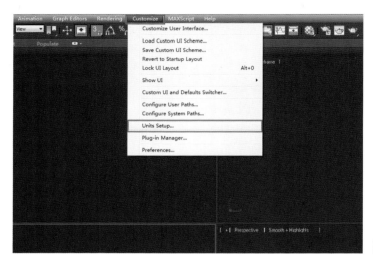

图 1-1

2. 在弹出的对话框中选择【System Unit Setup】下【Millimeters】，单击【OK】结束操作，同时选择【Display Unit Scale】下拉菜单为【Millimeters】，单击【OK】结束操作，如图 1-2 所示。

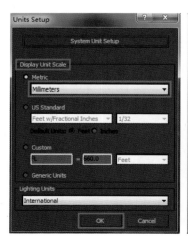

图 1-2

3. 选择 Top 视图，再按快捷键【Alt+W】放大视图，在 ✦ 面板下单击二维线按钮 ▣，再单击【Rectangle】创建矩形，在属性【Parameters】卷展栏中输入【Length】：1700，【Width】：2200，如图 1-3 所示；用同样方法在 Top 视图创建矩形，在【Parameters】中输入【Length】：1500，【Width】：850，如图 1-4 所示。

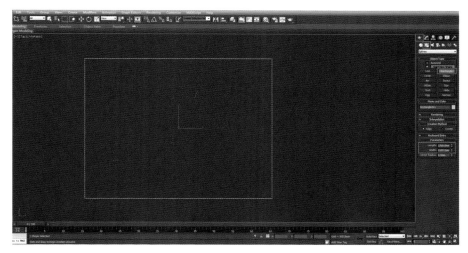

图 1-3

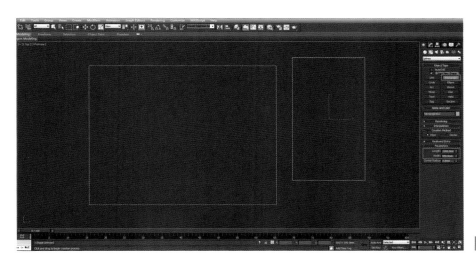

图 1-4

4. 按下工具栏中的捕捉按钮 不放，在出现的下拉菜单中选择捕捉按钮 ，在 上单击鼠标右键，在弹出的对话框中调整捕捉模式，仅勾选【Vertex】，如图 1-5 所示。

图 1-5

5. 将两个已经完成的平面形捕捉合并，单击移动按钮 ，将两个平面形的顶点位置捕捉并重合于一点，如图 1-6 所示，拼合图形的外轮廓，就是卫生间平面形的重要参照；单击二维线按钮 ，单击【Line】，沿着如图 1-7 所示的箭头方向创建外轮廓。

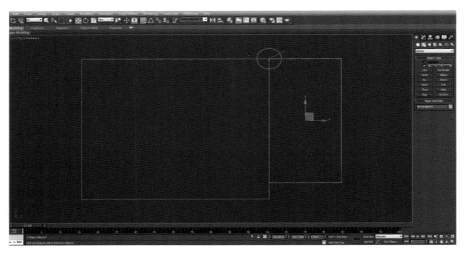

图 1-6

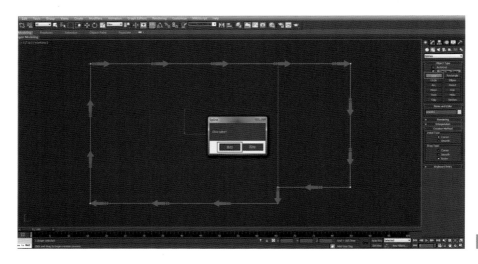

图 1-7

6. 单击移动按钮 ，将其【Name and Color】下蓝色色块改为白色色块，由于后继墙体模型基于此轮廓线建立，故白色最利于观察。之后框选绿色线段部分能够将之前建立的两个矩形同时选中，按快捷键【Delete】将其删除，如图 1-8 所示。

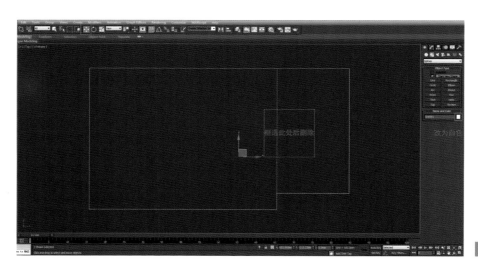

图 1-8

7. 在完成卫生间平面基本形后，按快捷键【Alt+W】回到 MAX 四视图中，再选择 Perspective 视图，按快捷键【Alt+W】将其放大，单击 面板并在其下拉菜单选择单击挤出命令【Extrude】，如图1-9所示；接下来在【Parameters】卷展栏中输入【Amount】：2300。完成从平面到立体的模型建立，同时单击捕捉按钮 ，将其命令暂时关闭，按快捷键【Z】最大化视图，如图1-10所示。

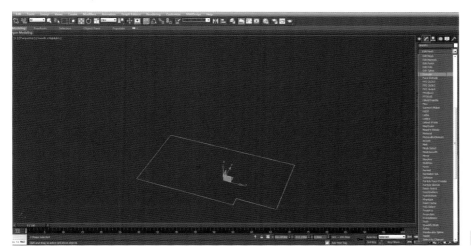

图 1-9

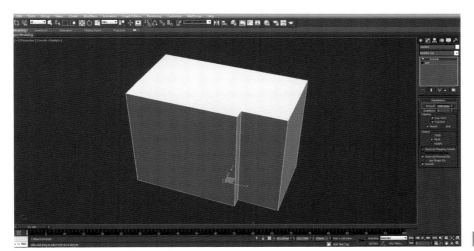

图 1-10

注意：快捷键【Z】用法有两种，当选择单个物体按快捷键【Z】可以将单个物体在视图中显示最大化；当单击视图空白处按快捷键【Z】，计算机将以整个视图中存在的所有物体为一整体单位并显示最大化，由于该方法建模使用较为频繁，故后继调整视图使用不再单独细讲。

8.选择模型，在 面板的下拉菜单中选择单击【Normal】，翻转模型各面朝向，如图1-11所示。

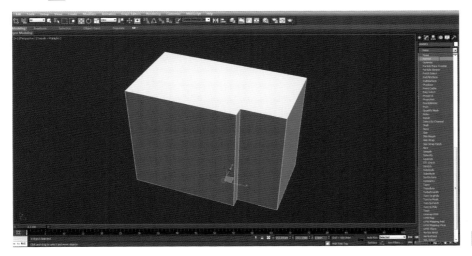

图 1-11

9. 鼠标右键在弹出的快捷菜单中单击物体属性【Object Properties】，弹出对话框在【Display Properties】下勾选背面消隐【Backface Cull】，单击【OK】结束操作，如图1–12所示；完成法线翻转可以看到视图中场景界面朝向全部翻转，这些被翻转的面就是为迎合室内的墙面所创建的。为日后建模翻转法线不再每次都单击右键编辑，在这里还可以在主菜单【Customize】下单击【Preferences】，在弹出的对话框中选择在【Veiwports】下单击【Backface Cull on Object Creation】，最后单击【OK】结束操作，如图1–13所示。

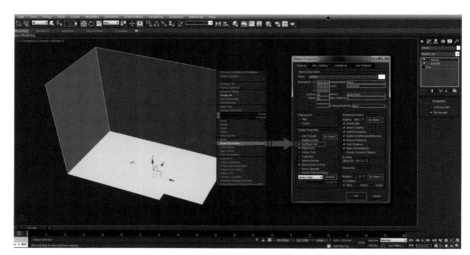

图 1–12

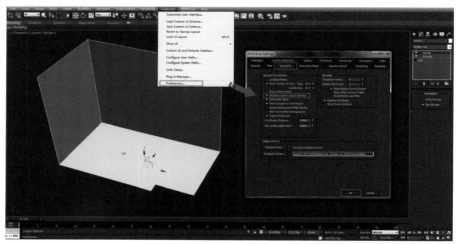

图 1–13

1.2 空间的初步构建

1.2.1 门洞与门套制作方法

模型完成实体空间的基本形之后，即要对空间模型的界面开始布线，确定门洞或窗洞的具体位置，并开始制作其造型样式。在这里，模型需要由实体模式转换成多边形编辑器下的修改界面，利用其相应编辑工具对模型对象进行修改或编辑。

1. 按快捷键【F4】切换线面显示，观察Perspective视图并发现模型的显示模式变成线面模式，这样利于观察与后继的深入设计，选择模型单击右键，在快捷菜单【Convert To】下选择单击【Convert to Editable Poly】，进入多边形编辑，如图1–14所示；观察右侧编辑器，单击边线模式按钮 ，选择模型两条线段如图1–15所示。

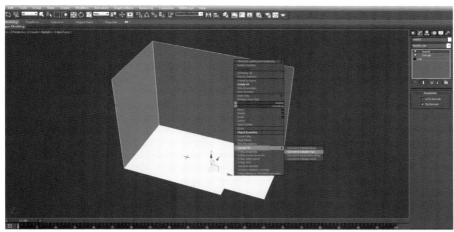

图 1-14

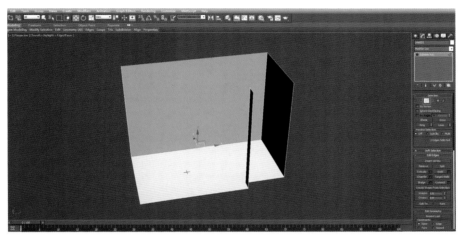

图 1-15

注意：在选择模型元素时，需要利用手指拨动鼠标滚轮进行适当的缩放视图，再配合快捷键【Alt+ 鼠标滚轮】移动鼠标将模型旋转到较利于观察的角度，便于后继的模型元素获取。若需连续选择模型元素，可以在选择完第一次后按快捷键【Ctrl】再单击其他所需元素实现连选功能。若在选择过程中出现多选或误选，可按快捷键【Alt】，再单击误选元素实现取消功能。在后继章节讲解中，关于转动视图及选择元素的操作步骤涉及较多，笔者不再说明。

2. 在多边形编辑器【Edit Edges】下单击【Connect】后按钮 ，在弹出的对话框中输入【Connect Edges-Segment】：2，【Connect Edges-Pinch】：-20，【Connect Edges-Slide】：-130，并勾选绿色勾结束操作，这样将在前面所选择的两条横向线段基础上再生成两条相垂直的新线段，并且定位门的左右边界，如图1-16 所示；再次在【Edit Edges】下单击【Connect】后按钮 ，在弹出的对话框中输入【Connect Edges-Segment】：1，【Connect Edges-Pinch】：0，【Connect Edges-Slide】：80，并勾选绿色勾结束操作，如图1-17 所示，发现该界面已有四条线段能够为后继制作门洞提供外轮廓前提。

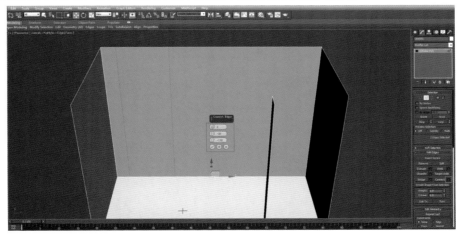

图 1-16

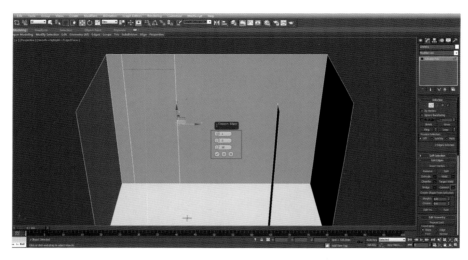

图 1-17

注意：单击【Connect】与【Connect】后按钮▣是存在区别的，当首次单击【Connect】仅默认连接一条线段。如果需要适当作些改变就必须单击后面的按钮▣，并手动设置参数。之后如再单击【Connect】，计算机会自动默认执行前一次的参数。

3. 选择视图中标注的两条线段，在【Edit Edges】下单击【Remove】，如图 1-18 所示；单击点模式按钮▣，如图 1-19 所示放大模型局部发现原来线段位置仍残留顶点；选红两点，在【Edit Vertices】下单击【Remove】将其去除，如图 1-20 所示。

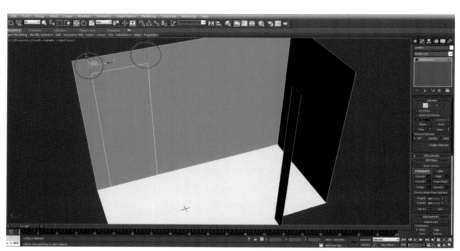

图 1-18

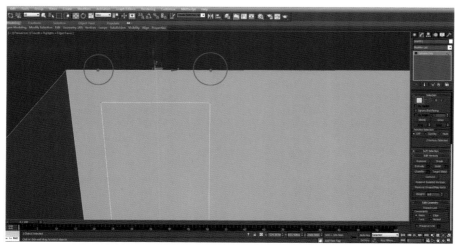

图 1-19

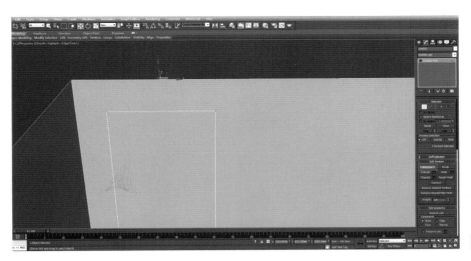

图 1-20

注意：对于不影响结构的杂点、杂线等元素都可以移除，从而保证后继渲染时计算机低资源消耗。

4.选择面模式按钮 ▣ ，选红门洞单面在【Edit Polygons】下单击【Extrude】后按钮 ▣ ，弹出对话框输入【Extrude Polygons Height】：–240，勾选绿色勾结束操作，如图 1-21 所示。

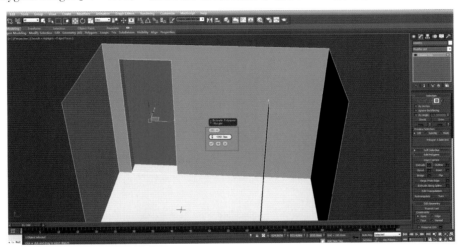

图 1-21

5.单击 ✺ 面板，选择单击二维线按钮 ▣ ，单击【Rectangle】，单击捕捉按钮 ⯐ ，并利用捕捉功能沿门洞任意顶角向对顶角方向创建与门洞大小一致的矩形，并在【Parameters】中输入【Length】：2000，【Width】：800，如图 1-22 所示该矩形用作门洞后继建模的尺寸参照。

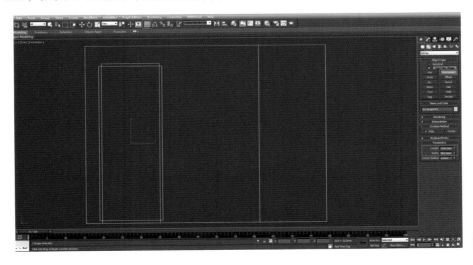

图 1-22

6. 单击对齐按钮，在视图上用对齐光标单击卫生间墙体任意界面，弹出对话框，仅勾选【Y Position】，并采用底部对齐，即【Current Object】：Minimum，【Target Object】：Minimum，随后单击【OK】结束操作，如图 1-23 所示；选择卫生间模型，单击 面板，显示多边形编辑器，单击点模式按钮，如图 1-24 所示。

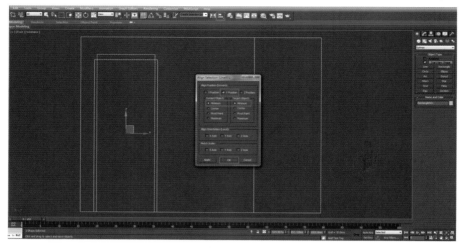

图 1-23

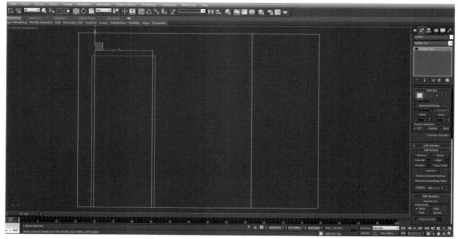

图 1-24

7. 框选门洞的四处顶点，如图 1-25 所示——对应到参照矩形的四处顶点位置。在移动点的过程中为了便于精确尽量将视图局部适当放大后在调整；关闭点模式按钮，在门洞边线位置再次单击鼠标，这样就可以切换选择与之重合参照矩形 "Rectangle001"，将其移动到左侧检查是否选择正确并按快捷键【Delete】将其删除，如图 1-26 所示。

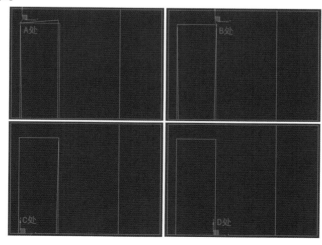

图 1-25

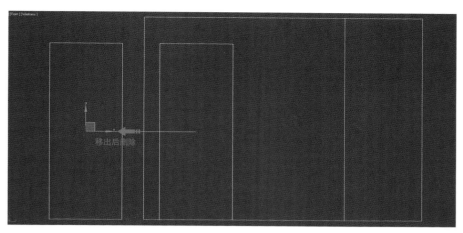

图 1-26

8. 切换 Top 视图，单击 ⬛ 面板，单击二维线按钮 ⬛，单击【Rectangle】，创建矩形并在【Parameters】中输入【Length】：240，【Width】：150，单击移动按钮 ⬛，并将其捕捉到模型左侧顶点处，如图 1-27 所示。

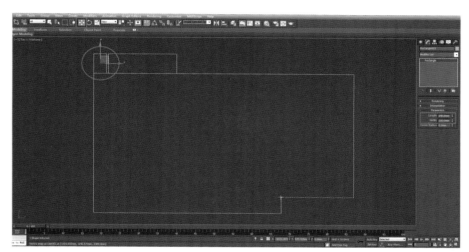

图 1-27

9. 选择模型"Line001"，单击 ⬛ 面板，再单击点模式按钮 ⬛，框选门洞部分的四个顶点，以其中左下角的点为基准，将其整体移动捕捉到参照矩形右下角与之重合，如图 1-28 所示。

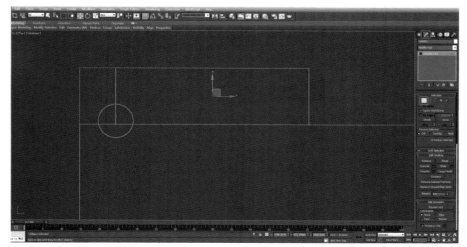

图 1-28

10. 切换 Perspective 视图，关闭点模式按钮 ⬛，将参照矩形按快捷键【Delete】删除，单击面模式按钮 ⬛，将门洞所有面选红在【Edit Geometry】下单击【Detach】，在弹出的对话框输入【Detach as】：门洞，单击【OK】结束操作，如图 1-29 所示；关闭面模式按钮▣，选择"门洞"，单击坐标按钮▦，单击【Affect Pivot Only】，单击【Center to Object】，如图 1-30 所示，调整坐标便于后期选择。

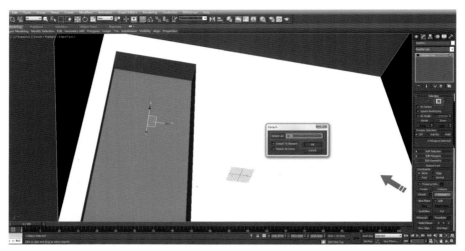

图 1-29

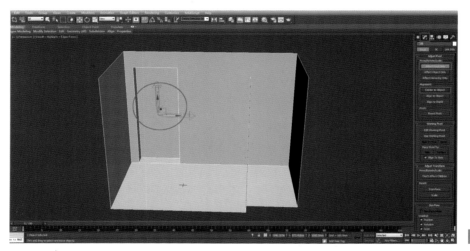

图 1-30

11. 单击 ◉ 面板，再单击鼠标右键，在弹出的快捷菜单中选择单击【Hide Unselected】，如图 1-31 所示；切换 Front 视图，单击二维线按钮 ◉，单击线条按钮【Line】，沿着门洞模型的外轮廓如图 1-32 所示的箭头方向描出"门字形"，用于制作门套。

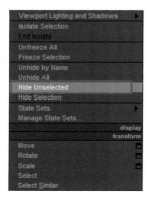

图 1-31

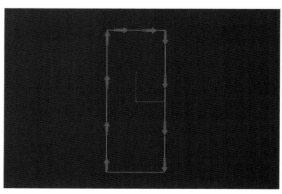

图 1-32

注意：这里说明一下隐藏命令共有三种方式。

第一种是选择住物体利用【Hide Unselected】将未选择物体隐藏；

第二种是选择住物体利用【Hide Selection】隐藏被选择物体；

第三种是不选择任何物体利用【Unhide All】显示所有被隐藏物体。

12. 单击右键在快捷菜单【Convert To】下选择【Convert to Editable Spline】，进入样条线编辑，如图1–33 所示；单击样条线模式按钮 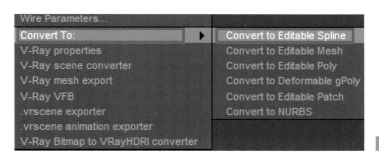，并在【Geometry】下设置【Outline】：50，如图1–34 所示。

图 1–33

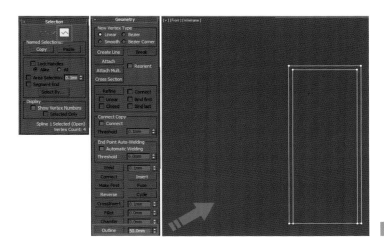

图 1–34

13. 单击 面板下的下拉菜单，单击【Extrude】，在【Parameters】卷展栏中输入【Amount】：20，按快捷键【Alt+W】回到 MAX 四视图中，再选择 Perspective 视图，按快捷键【Alt+W】放大该视图，选择如图1–35 所示；切换 Top 视图，将新建门套捕捉到如图1–36 所示位置，之后关闭捕捉按钮 ；切换 Perspective 视图，选择视图中的门洞单击 面板，在【Edit Geometry】下单击【Attach】，在视图中用拾取光标单击并附加门套，如图1–37 所示附加为整体。

图 1–35

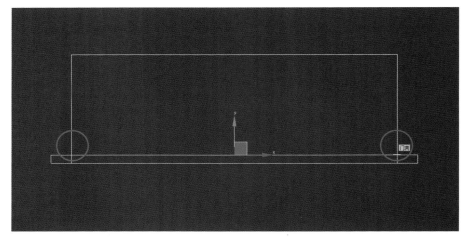

图 1-36

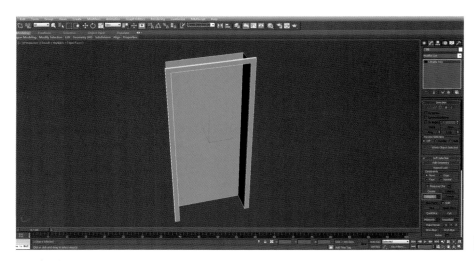

图 1-37

1.2.2 壁龛制作方法

1. 在视图空白处，鼠标右键在弹出的快捷菜单中单击【Unhide All】，如图 1-38 所示；调整视图角度到门洞对面，单击边线模式按钮 ，选择该面墙最左侧上下线段在【Edit Edges】下单击【Connect】后的按钮 ，在弹出的对话框中输入【Connect Edges-Segment】：2，【Connect Edges-Pinch】：4，【Connect Edges-Slide】：60，勾选绿色勾结束操作，如图 1-39 所示为制作壁龛作准备；继续单击【Connect】后按钮 ，在弹出的对话框中输入【Connect Edges-Segment】：2，【Connect Edges-Pinch】：-32，【Connect Edges-Slide】：13，勾选绿色勾结束操作，如图 1-40 所示。

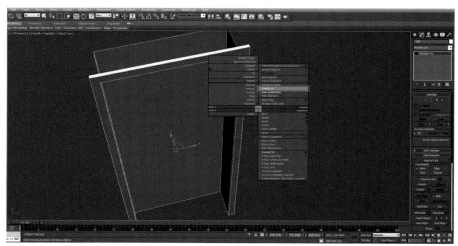

图 1-38

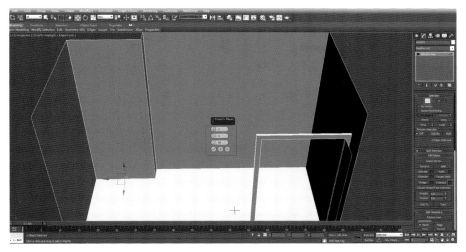

图 1-39

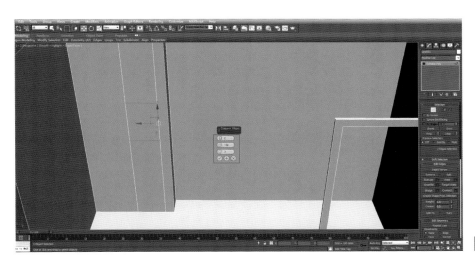

图 1-40

2.观察视图，发现壁龛的外轮廓已形成，单击壁龛周围四处多余线段，在【Edit Edges】下单击【Remove】将其去除，如图 1-41 所示；观察视图，发现仍保留了一条多余线段，属于正常现象。因为软件在移除线段时会适当保留连接结构的线段，如图 1-42 所示；转动视图，切换多边形编辑器下点模式按钮 █，选红三个多余的杂点，选择在【Edit Vertices】下单击【Remove】，将其去除，如图 1-43 所示。

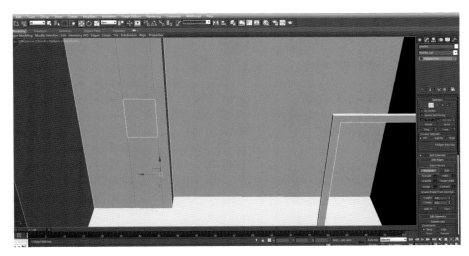

图 1-41

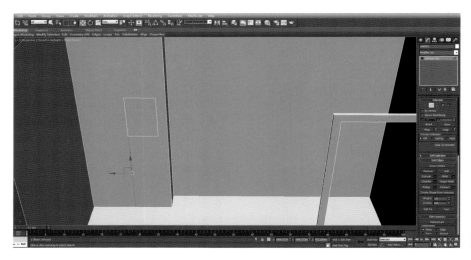

图 1-42

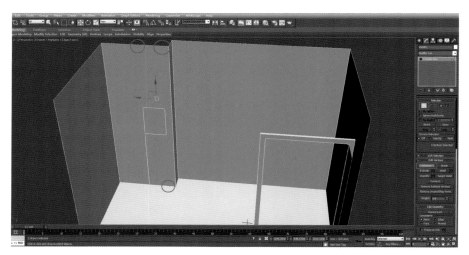

图 1-43

3. 单击面模式按钮 ，选红形成壁龛的单面，并且在【Edit Polygons】下单击【Extrude】后按钮 ，在弹出的对话框中输入【Extrude Polygons Height】：－200，勾选绿色勾结束操作，如图 1-44 所示。

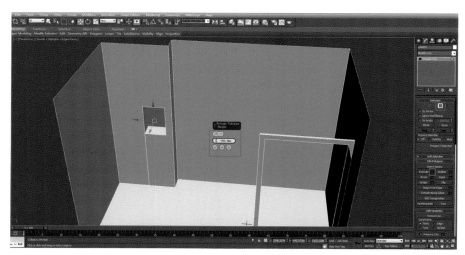

图 1-44

4. 单击捕捉按钮 ，单击 面板，单击二维线按钮 ，选择【Rectangle】，在壁龛轮廓形左下角作为起点沿卫生间墙体右下角为终点进行捕捉并创建矩形，如图 1-45 所示；调整矩形长度，在【Parameters】下中输入【Length】：980，如图 1-46 所示。

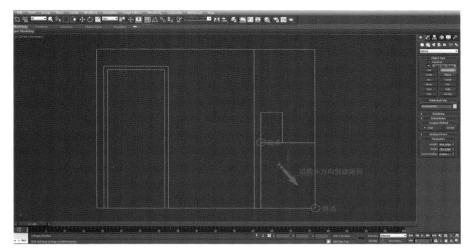

图 1-45

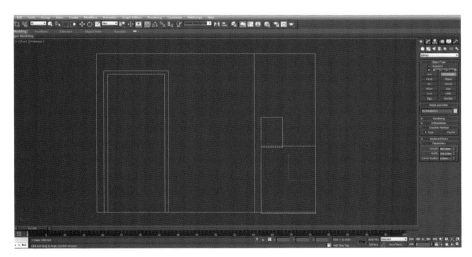

图 1-46

5. 单击移动按钮 ，将矩形右下角移动捕捉到卫生间墙体的右下角，如图 1-47 所示；单击选择卫生间模型，单击 面板，再单击点模式按钮 ，框选卫生间壁龛的四处节点，以壁龛左下角为基准将其整体移动捕捉到新建矩形的左上角，如图 1-48 所示。

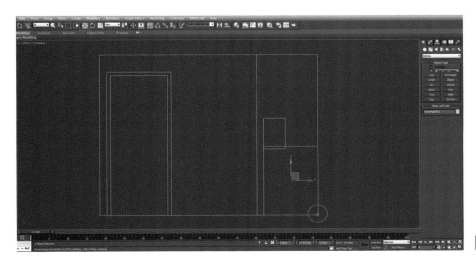

图 1-47

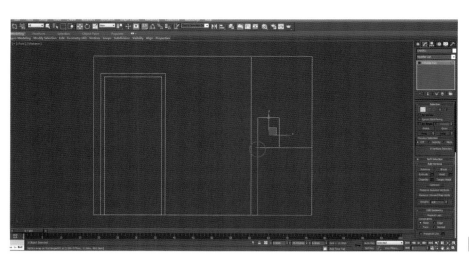

图 1-48

6. 关闭点模式按钮 ■ ，选择新建矩形按快捷键【Delete】删除，单击 ✳ 面板，单击二维线按钮 ▣ ，单击【Rectangle】，在壁龛右侧创建矩形，设置【Length】：400，【Width】：200，如图 1-49 所示。

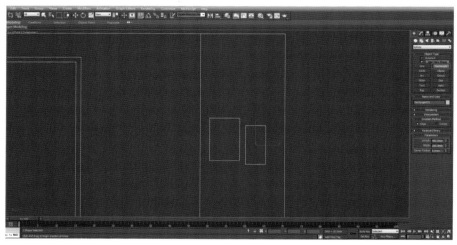

图 1-49

7. 单击移动按钮 ✛ ，将该矩形左下角顶点捕捉移动到壁龛右下角顶点，如图 1-50 所示；选择卫生间模型，单击 ▣ 面板，再单击点模式按钮 ■ ，将壁龛上部左右顶点同时框选，并以右上角顶点为基准捕捉移动到矩形左上角顶点处与之重合，如图 1-51 所示。

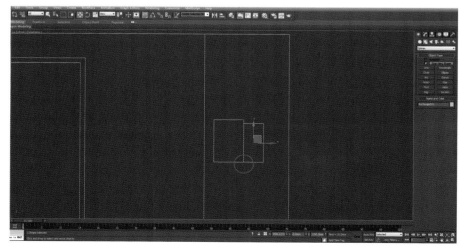

图 1-50

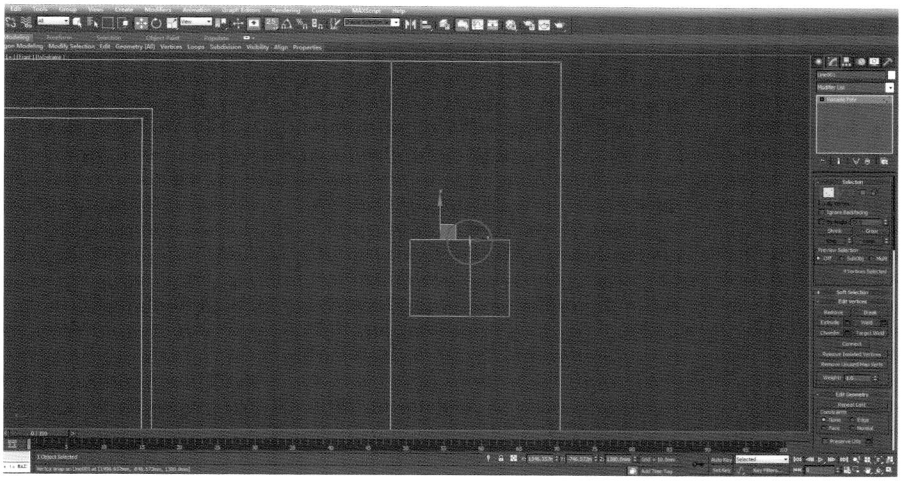

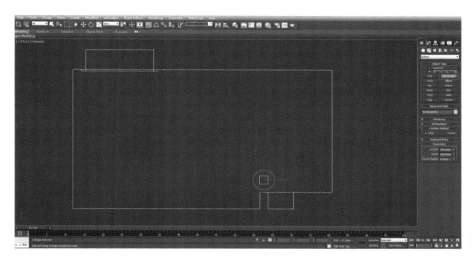

图 1-51

8. 关闭点模式按钮 ■，选择矩形按【Delete】删除，切换 Top 视图单击 ■ 面板，单击二维线按钮 ■，单击【Rectangle】，在视图位置位创建矩形，设置【Length】：100，【Width】：100，如图 1-52 所示。

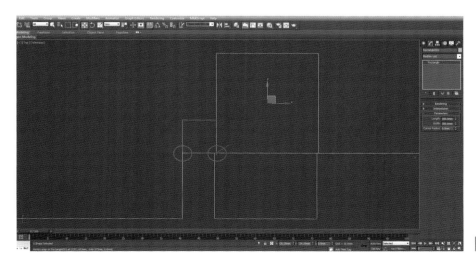

图 1-52

9. 在当前矩形右侧，再次创建第二个矩形，设置【Length】：300，【Width】：300，单击移动按钮 ■，并将两个矩形各自捕捉移动到如图 1-53 所示位置；选择卫生间模型，单击 ■ 面板，单击点模式按钮 ■，将卫生间壁龛的左侧两顶点与右侧两顶点，分别捕捉移动到如图 1-54 所示位置。

图 1-53

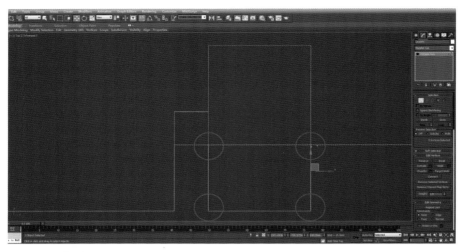

图 1-54

1.2.3 水槽洞口制作方法

1.关闭点模式按钮 ，框选先前创建的两个矩形，按快捷键【Delete】将其删除，切换 Perspective 视图，选择卫生间模型，单击面模式按钮 ，选红地面在【Edit Geometry】下单击【Detach】，在弹出的对话框中输入【Detach as】：地面，随后单击【OK】结束操作，如图 1-55 所示；关闭面模式按钮 ，关闭捕捉按钮 ，选择地面，鼠标右键并在弹出的快捷菜单中单击【Hide Unselected】，如图 1-56 所示；单击面模式按钮 ，在【Edit Geometry】下单击切片命令【Slice Plane】，如图 1-57 所示，模型中出现黄色切片形状，该切片是为后继制作卫生间水槽边缘线做准备。

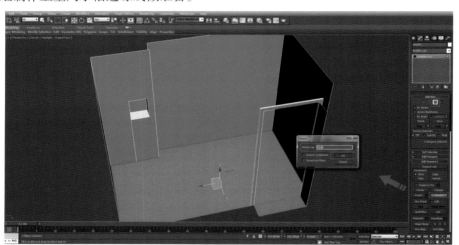

图 1-55

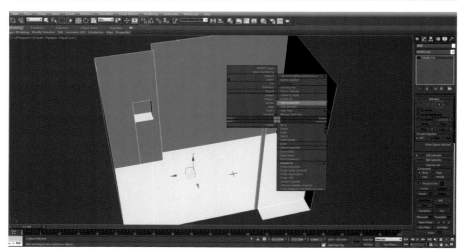

图 1-56

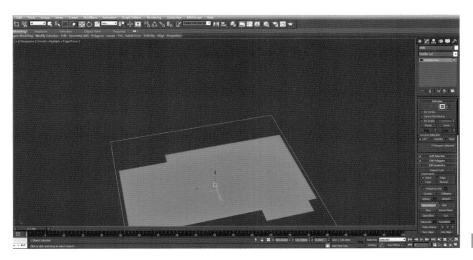

图 1-57

2. 还原四视图，单击旋转按钮 ，单击角度捕捉按钮 ，在四视图中选择 Perspective 视图，同时观察其他三视图，利用旋转工具的黄色中心轴将切片选择 90°，如图 1-58 所示；选择 Top 视图，按快捷键【Alt+W】放大该视图，单击移动按钮 ，关闭角度捕捉按钮 ，将切片向右侧大致移动到如图 1-59 所示位置，并单击【Edit Geometry】下执行切片命令【Slice】，切出下水槽的左侧边缘线。

图 1-58

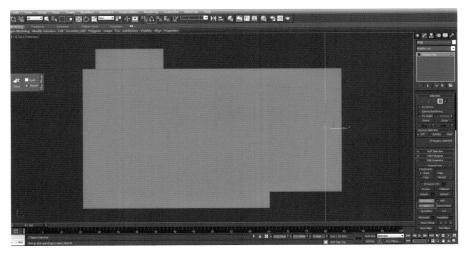

图 1-59

注意：【Slice Plane】与【Connect】存在区别，【Connect】针对平行且等距的线段之间连接并创建若干垂直线段，而切片命令【Slice Plane】可直接切出垂线。

3. 将切片移到视图位置，在【Edit Geometry】下单击【Slice】，如图 1-60 所示；关闭面模式按钮 ■，发现卫生间地面水槽的两条边缘线已形成，如图 1-61 所示。

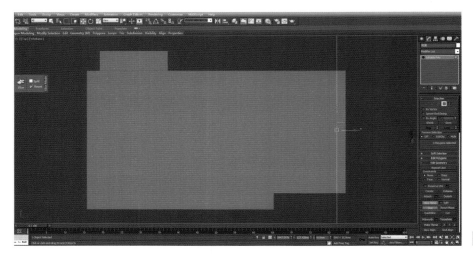

图 1-60

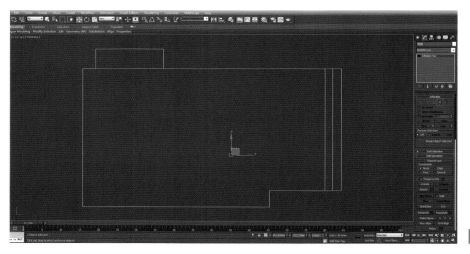

图 1-61

4. 单击多边线模式按钮 ■，在【Edit Edges】下单击【Connect】后按钮 ■，弹出对话框输入【Connect Edges-Segment】：2，【Connect Edges-Pinch】：40，【Connect Edges-Slide】：3，并勾选绿色勾选项结束操作，如图 1-62 所示。

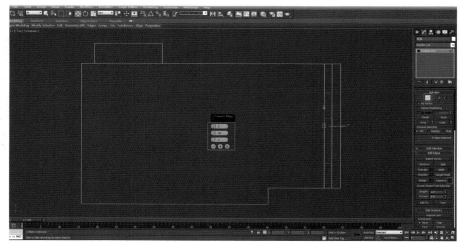

图 1-62

5. 选择水槽多余线段，在【Edit Edges】下单击【Remove】将其去除，如图 1-63 所示；单击点模式按钮 ，选择视图中遗留的顶点并在【Edit Vertices】下单击【Remove】，将其去除，如图 1-64 所示。

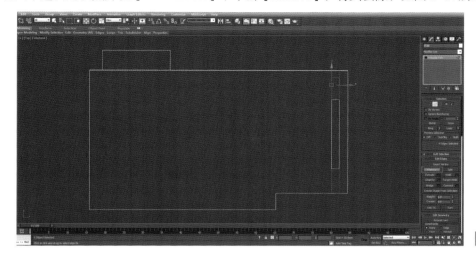

图 1-63

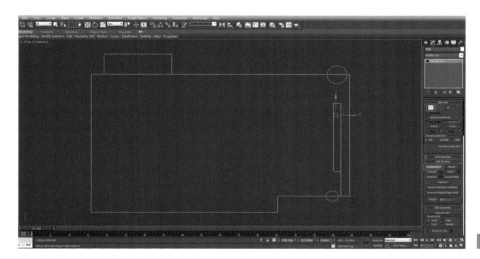

图 1-64

6. 单击捕捉按钮 ，单击 面板，单击二维线按钮 ，单击【Rectangle】，沿水槽左上角顶点向右下角顶点捕捉创建矩形，设置【Length】：1200，【Width】：50，如图 1-65 所示；单击移动按钮 ，选择地面单击 面板与点模式按钮 ，将水槽的四个顶点一一捕捉到矩形的四个顶点上，如图 1-66 所示。

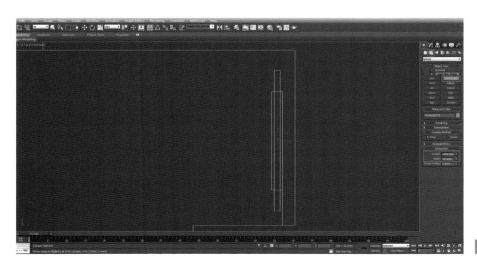

图 1-65

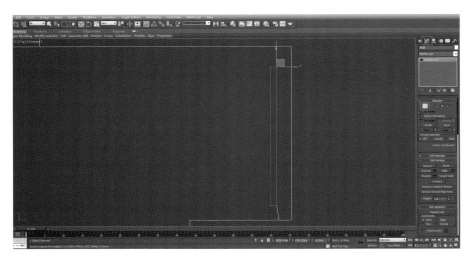

图 1-66

7. 关闭点模式按钮 ▦ ，关闭捕捉按钮 ▦ ，选择矩形将其移动到模型上方暂不删除。选择地面模型观察发现水槽右下角与墙体部分的连接线是斜线，如图 1-67 所示；单击点模式按钮 ▦ ，单击对齐按钮 ▦ ，用拾取光标单击矩形，弹出对话框仅勾选【X Position】，勾选【Target Object】：Minimum，随后单击【OK】结束操作，如图 1-68 所示；关闭点模式按钮 ▦ ，选择矩形按快捷键【Delete】删除。单击捕捉按钮 ▦ ，单击 ☀ 面板，单击二维线按钮 ▦ ，单击【Rectangle】，如视图所示沿水槽左上角顶点向地面右下角顶点方向捕捉并创建矩形，之后设置【Width】：60，如图 1-69 所示。

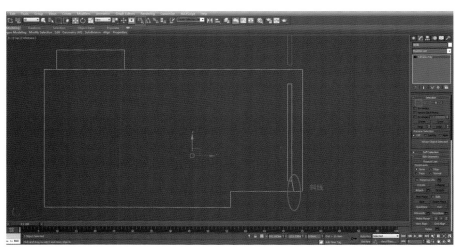

图 1-67

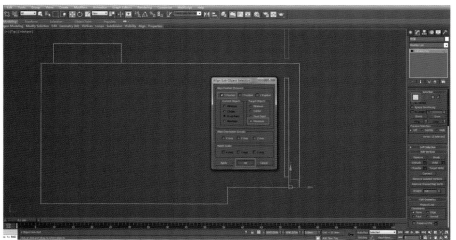

图 1-68

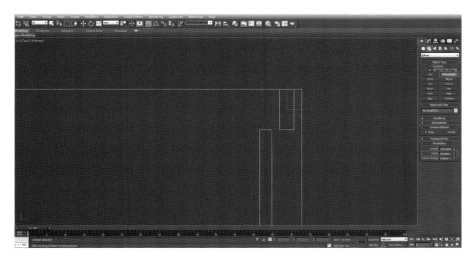

图 1-69

8. 单击移动按钮 ，将矩形左上角顶点与地面右下角点顶点重合选择地面单击 面板与点模式按钮 ，框选水槽全部顶点，如图 1-70 所示进行移动捕捉；切换 Perspective 视图，单击面模式按钮 ，关闭捕捉按钮 ，选红水槽单面在【Edit Polygons】下单击【Extrude】后按钮 ，弹出对话框输入【Extrude Polygons Height】：-50，勾选绿色勾结束操作，如图 1-71 所示；关闭面模式按钮 ，鼠标右键在弹出的快捷菜单中单击【Unhide All】显示场景模型，如图 1-72 所示。

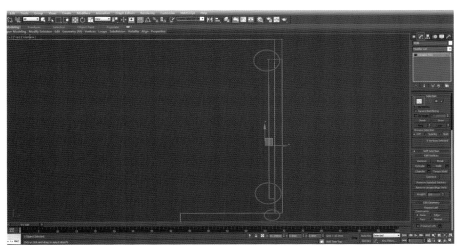

图 1-70

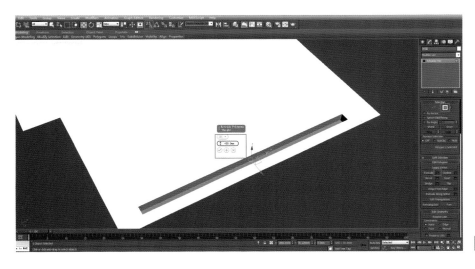

图 1-71

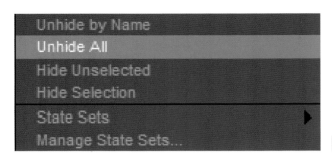

图 1-72

1.3 空间的界面设计

1.3.1 整墙墙砖设计制作

通过前面的讲解，场景基本布线已经完成，在此基础上初学者可先考虑创建场景家具，但是对于一个成熟的设计师而言，应该将模型的各个界面深入设计后再创建家具，这样能更为后继家具建模提供更准确的空间尺度。

1. 切换选择 Front 视图，单击 ■ 面板，单击二维线按钮 ■，再单击选择【Rectangle】，设置【Length】：300，【Width】：600，如图 1-73 所示；切换 Perspective 视图，单击 ■ 面板，在其下拉菜单中单击【Extrude】，在【Parameters】输入【Amount】：10，如图 1-74 所示创建砖片；单击右键在【Convert To】下单击【Convert to Editable Poly】，单击边线模式按钮 ■，将正面的四边选红在【Edit Edges】下单击倒角【Chamfer】后按钮 ■，在弹出的对话框中输入【Chamfer-Edge Chamfer Amount】：2，勾选绿色勾结束操作，如图 1-75 所示。

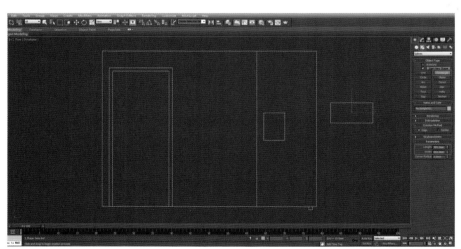

图 1-73

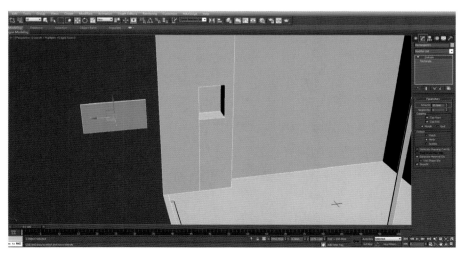

图 1-74

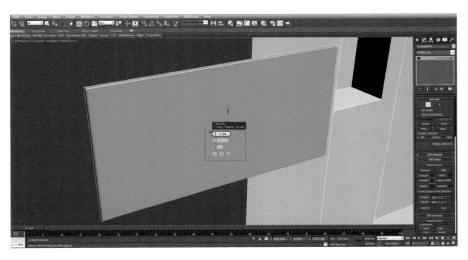

图 1-75

2. 再次在【Edit Edges】下单击【Chamfer】后的按钮■，在弹出的对话框中输入【Chamfer-Edge Chamfer Amount】：1，勾选绿色勾结束操作，如图 1-76 所示。

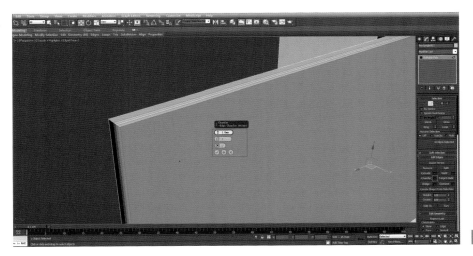

图 1-76

3. 关闭边线模式按钮，单击捕捉按钮，切换 Top 视图，并且以砖片的右下角顶点为基准，将其捕捉到如图 1-77 所示的位置；切换 Front 视图，并且以砖片的右下角顶点为基准，将其捕捉到如图 1-78 所示的位置。

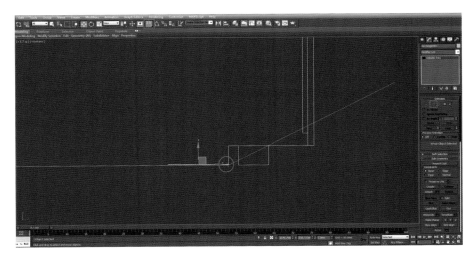

图 1-77

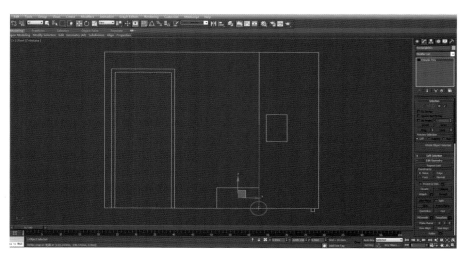

图 1-78

4. 单击 面板，单击二维线按钮 ，单击【Rectangle】，创建矩形并在【Parameters】中设置【Length】：
3，【Width】：600，如图 1-79 所示该矩形是用来做砖片缝隙参照物；单击移动按钮 ，将该矩形以右下
角顶点为基准，移动捕捉到砖片模型的左上角顶点处，如图 1-80 所示；选择砖片，按住【Shift】以其左下角
为基准复制并捕捉到矩形的右上角，在弹出的对话框中输入【Number of Copies】：7，单击【OK】结束操作，
如图 1-81 所示。

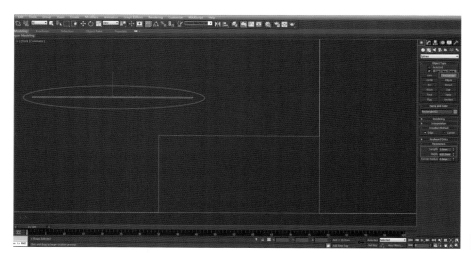

图 1-79

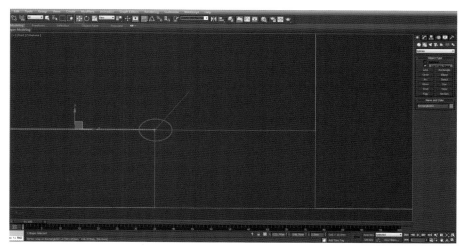

图 1-80

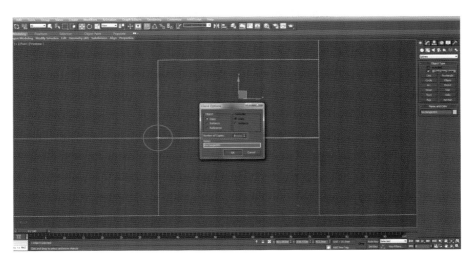

图 1-81

5. 选择参照矩形按快捷键【Delete】删除，观察视图发现目前共八片砖片如图 1-82 所示；选择最顶部 "Rectangle009" 砖片，单击 面板与边线模式按钮 ，框选该砖模型垂线部分，单击【Connect】后按钮 ，在弹出的对话框中输入【Connect Edges-Segment】：1，【Connect Edges-Pinch】：0，【Connect Edges-Slide】：0，勾选绿色勾结束操作，如图 1-83 所示；单击对齐按钮 ，用拾取光标单击卫生间顶部。在弹出的对话框中仅勾选【Y Position】，设置【Target Object】：Maximum，随后单击【OK】结束操作，如图 1-84 所示。

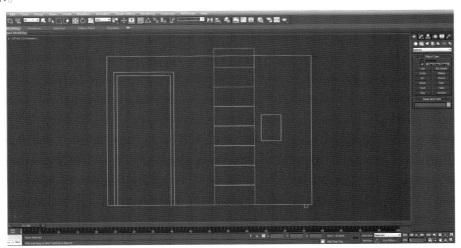

图 1-82

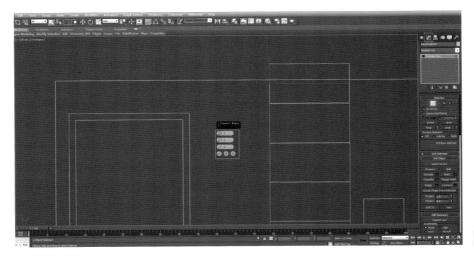

图 1-83

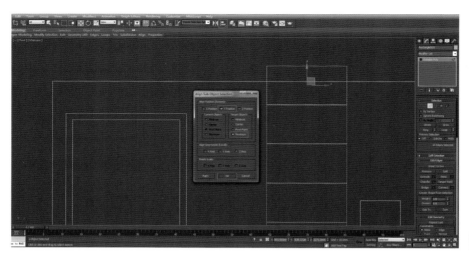

图 1-84

　　6. 单击点模式按钮 ▓，框选砖片最上部顶点按【Delete】删除，切换 Perspective 视图，单击线圈模式按钮 ▓，选择顶部线圈在【Edit Borders】下单击封口【Cap】，如图 1-85 所示；关闭线圈模式按钮 ▓，再次观察视图发现缺面的部位已经封口，如图 1-86 所示；切换 Front 视图，单击 ▓ 面板，单击二维线按钮 ▓，单击【Rectangle】创建矩形，设置【Length】：200，【Width】：3，以右下角顶点为基准移动捕捉到顶部砖片左上角顶点，如图 1-87 所示。

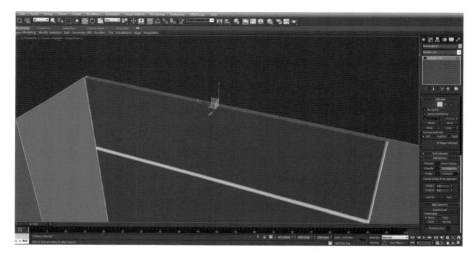

图 1-85

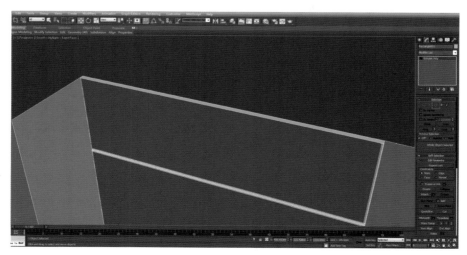

图 1-86

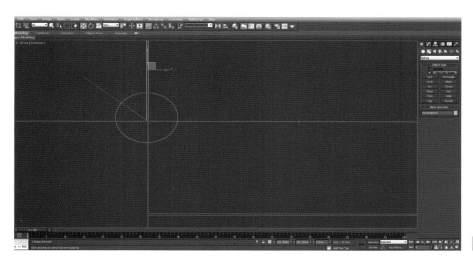

图 1-87

7. 选择 "Rectangle001" 砖片，单击 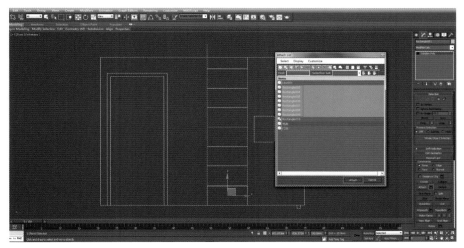 面板，在【Edit Geometry】下单击【Attach】后的 ■，弹出话框 在【Name】下选择 "Rectangle003-Rectangle009" 并单击【Attach】结束操作，如图 1-88 所示；单击坐标 按钮 ■，单击【Affect Pivot Only】，再单击【Center to Object】，如图 1-89 所示；单击 ■ 面板，按住【Shift】 以其左下角为基准复制并捕捉到矩形的右上角，在弹出的对话框中输入【Number of Copies】：3，单击【OK】 结束操作，如图 1-90 所示。

图 1-88

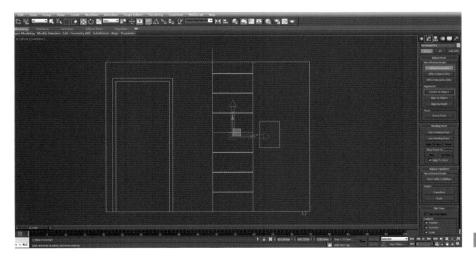

图 1-89

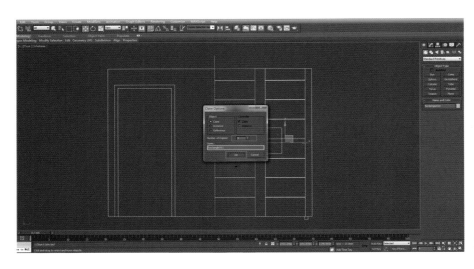

图 1-90

8. 选择左数第二组砖片，将其顶部右上角顶点为基准移动捕捉到参照矩形的左下角顶点，如图 1-91 所示；移动参照矩形，将其右下角顶点为基准移动捕捉到左数第一组砖片左上角顶点，如图 1-92 的所示；选择左数第三组砖片，将其顶部右上角顶点为基准移动捕捉到参照矩形的左下角顶点，如图 1-93 所示。

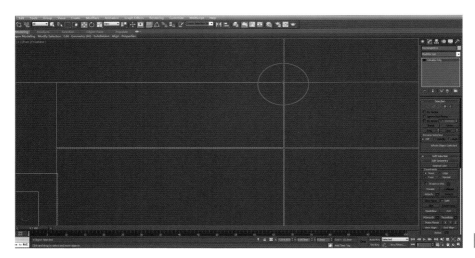

图 1-91

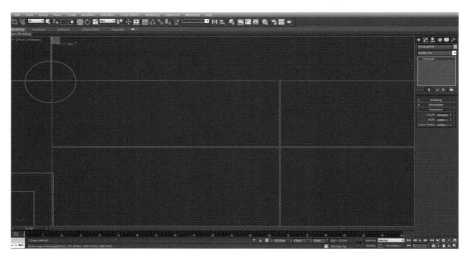

图 1-92

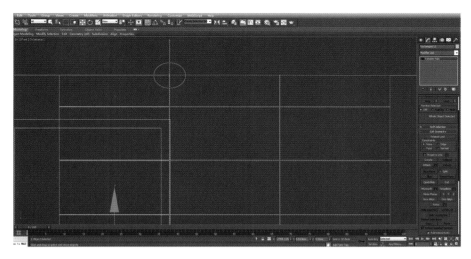

图 1-93

9. 参考第 8 步过程并用类似方法，选择从左数第四组砖片，将其移动到最左侧并留 3mm 的砖缝，选择参照矩形按快捷键【Delete】删除，切换 Perspective 视图，如图 1-94 所示。

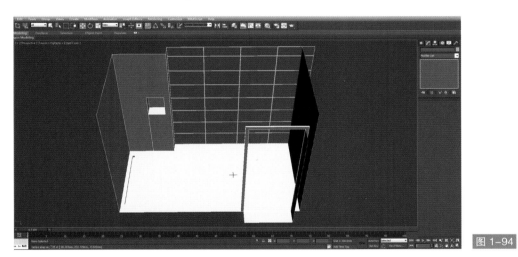

图 1-94

10. 切换 Front 视图，选择左数第一组砖，单击点模式按钮 ，将其左侧顶点框选以左上角顶点为基准移动捕捉到墙体左上角顶点，如图 1-95 所示；关闭点模式按钮 ，选择场景中所有砖片模型，单击鼠标右键，在弹出的对话框中单击【Hide Unselected】将其他模型隐藏，如图 1-96 所示。

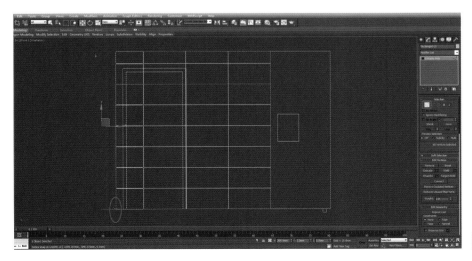

图 1-95

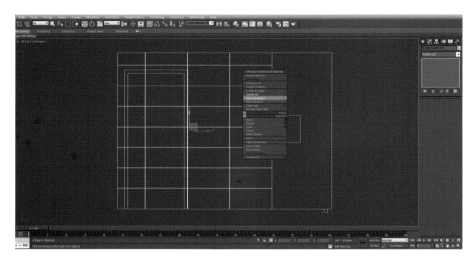

图 1-96

11. 切换 Perspective 视图，并选择文件名为 "Rectangle001" 的一组砖片，在【Edit Geometry】下单击【Attach】，再用拾取光标依次单击视图中其他三组，如图 1-97 所示；单击坐标按钮 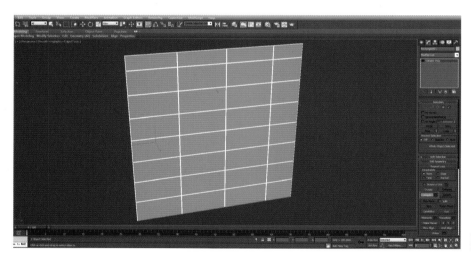，单击【Affect Pivot Only】，再单击【Center to Object】，如图 1-98 所示；单击旋转按钮 与角度捕捉按钮 ，单击 面板，按住快捷键【Shift】沿 X 轴旋转 90°，在弹出的对话框中默认参数并单击【OK】结束操作，如图 1-99 所示。

图 1-97

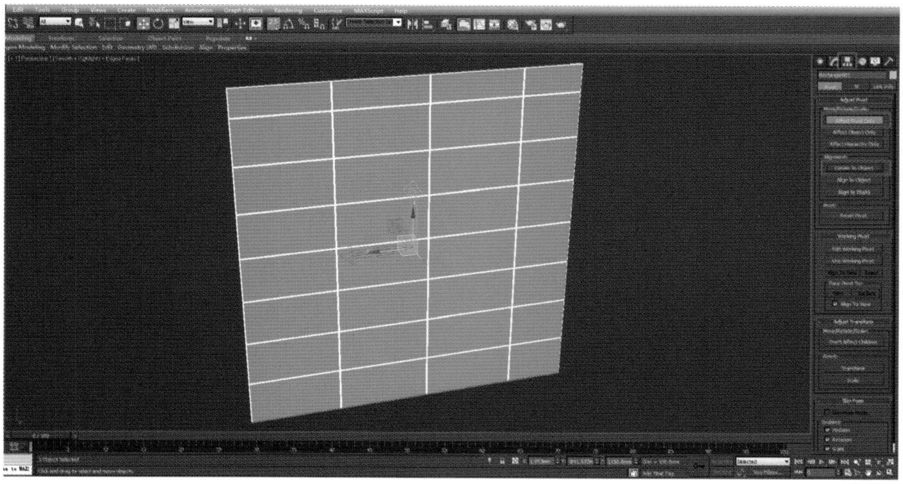

图 1-98

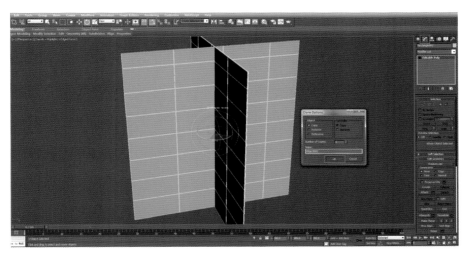

图 1-99

12. 鼠标右键，在弹出的对话框中单击【Hide Unselected】，仅保留复制的砖片组，调整单击块模式按钮 ⬛，选红窄列部分按快捷键【Delete】将其删除，如图 1-100 所示；单击鼠标右键，在弹出的对话框中单击【Unhide All】，再次单击块模式按钮 ⬛，并关闭角度捕捉按钮 🏠，单击移动按钮 ✛，切换 Front 视图，将复制该砖片组以右上角顶点为基准，移动捕捉到如图 1-101 所示位置；单击点模式按钮 ⬛，框选另一端全部顶点，如图 1-102 所示进行移动捕捉。

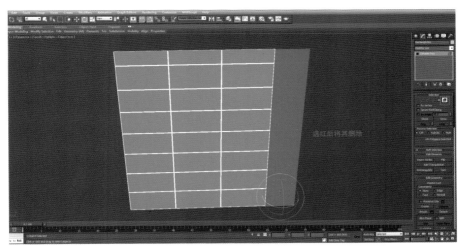

图 1-100

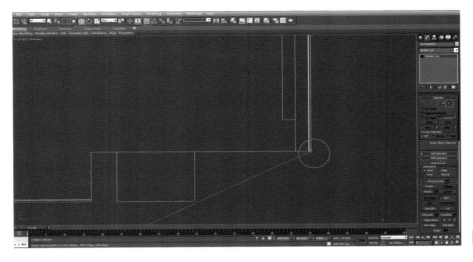

图 1-101

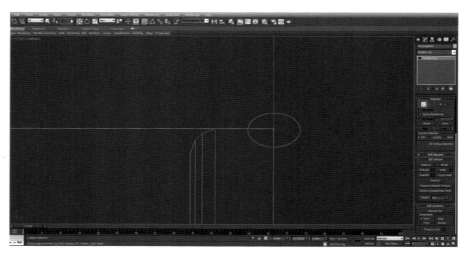

图 1-102

13. 关闭点模式按钮 ▦，按住快捷键【Shift】向左侧复制，在弹出的对话框中设置默认参数，单击【OK】结束操作，如图 1-103 所示；单击镜像按钮 ▦，弹出对话框中仅默认设置【Mirror Axis】：X，默认设置【Clone Selection】：No Clone，并单击【OK】结束操作，如图 1-104 所示。

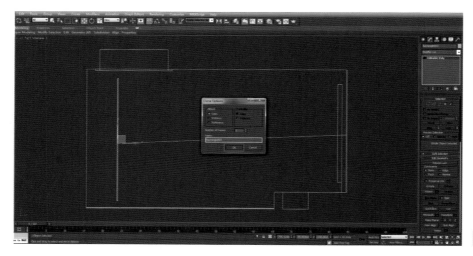

图 1-103

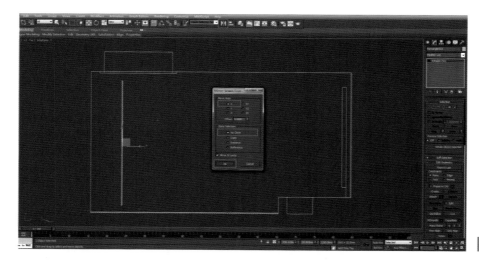

图 1-104

注意：这里所默认设置的【Mirror Axis】，表示模型镜像的轴坐标。若默认设置【Mirror Axis】：X 则表示模型沿 X 轴进行镜像；若改为设置【Mirror Axis】：Y，则表示模型沿 Y 轴进行镜像，以此类推。而【Clone Selection】为镜像的方式，若默认【Clone Selection】：No Clone，表示镜像但不复制；若改为设置【Clone Selection】：Copy，则为镜像复制；改为【Clone Selection】：Instance，则为实例复制。

14. 将该模型以其左下角顶点为基准，移动捕捉到该视图墙体的左下角顶点处，如图 1-105 所示；单击对齐按钮 ▦，用拾取光标单击命名为 "Rectangle001" 的砖片组。仅勾选【Y Position】，设置【Current Object】：Minimum，【Target Object】：Maximum，随后单击【OK】结束操作，如图 1-106 所示；该组砖片另一端未达到该面墙体长度，单击点模式按钮 ▦，框选其顶部全部端点，并以左上角顶点为基准移动捕捉到墙体左上角顶点处，如图 1-107 所示。

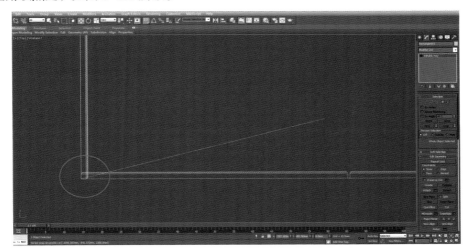

图 1-105

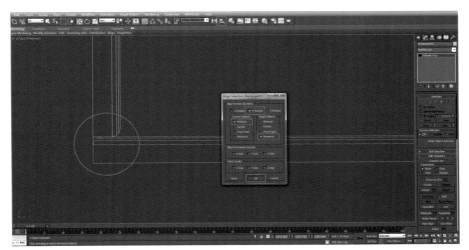

图 1-106

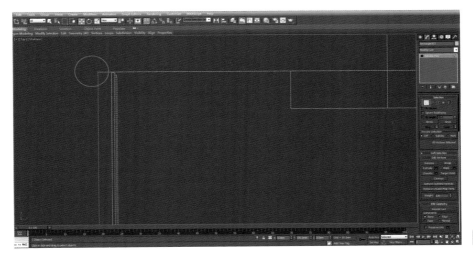

图 1-107

1.3.2 造型墙面墙砖设计制作

1. 关闭点模式按钮 ■ ，选择命名为"Rectangle001"的一组砖片，按住快捷键【Shift】向上复制，在弹出的对话框中默认参数，单击【OK】结束操作，如图 1-108 所示；单击镜像按钮 ■ ，在弹出的对话框中设置【Mirror Axis】：Y，【Clone Selection】：No Clone，再单击【OK】结束操作，如图 1-109 所示；将该模型以其右上角顶点为基准，移动捕捉到如图 1-110 所示位置。

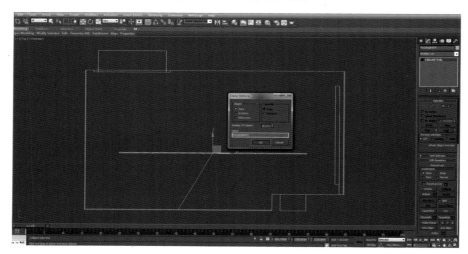

图 1-108

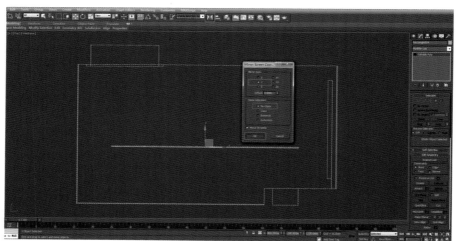

图 1-109

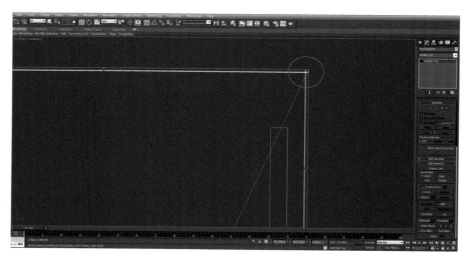

图 1-110

2. 单击对齐按钮 ▣，在视图上用拾取光标单击命名为"Rectangle002"砖片组。在弹出的对话框中仅勾选【X Position】，设置【Current Object】：Maximum，【Target Object】：Minimum，单击【OK】结束操作，如图 1-111 所示；观察发现该组砖片最左侧一列非常规宽度。单击 ▣ 面板，单击二维线按钮 ▣，再单击【Line】，在如图 1-112 所示位置捕捉创建垂直线段；单击 ▣ 面板，选择命名 "Rectangle001"的砖片组，单击块模式按钮 ▣，将该组砖片左侧第一列砖如图 1-113 全部框选按快捷键【Delete】删除。

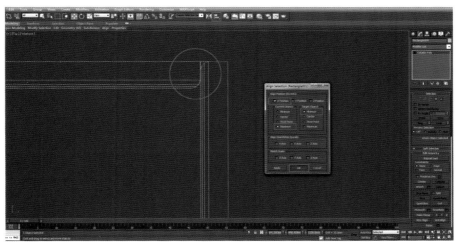

图 1-111

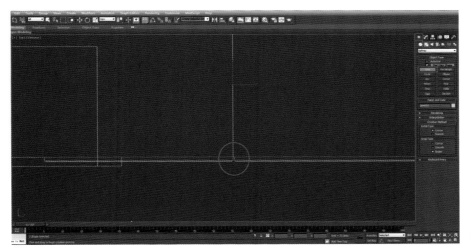

图 1-112

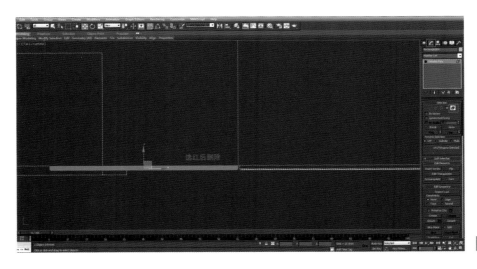

图 1-113

3. 选择"Rectangle001"前两列砖片组，按住快捷键【Shift】向左侧边移动复制，并以其左上角顶点为基准捕捉到命名为"Line002"线段的最低点，弹出的话框单击【OK】结束操作，如图 1-114 所示；关闭块模式按钮 ，选择"Line002"线段按快捷键【Delete】删除。观察发现"Rectangle004"，左侧顶点未到墙体边缘。单击 面板，单击二维线按钮 ，再单击【Rectangle】，在如图 1-115 所示捕捉并创建矩形"Rectangle005"；单击 面板，选择命名 "Rectangle004"的砖片组，单击多点模式按钮 ，将该列砖片左侧顶点全部框选，并左上角顶点为基准移动捕捉到如图 1-116 所示位置。

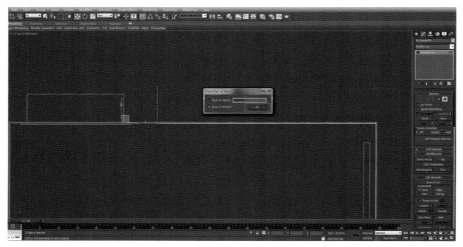

图 1-114

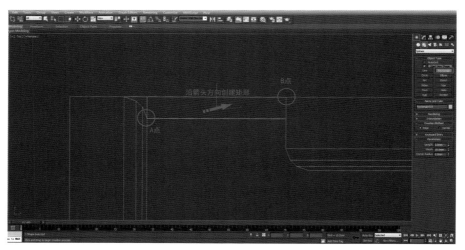

图 1-115

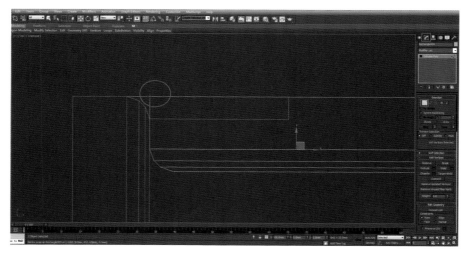

图 1-116

4. 关闭点模式按钮 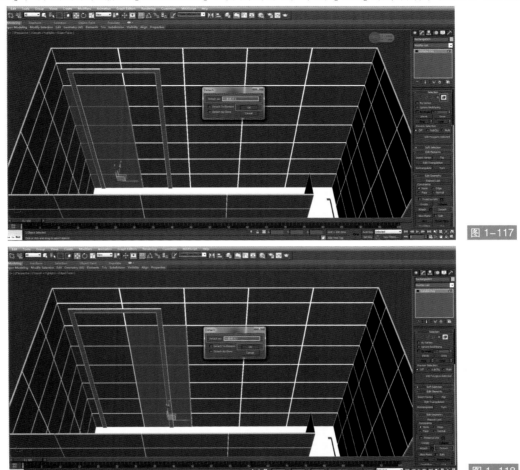，选择"Rectangle005"，按【Delete】删除，切换 Perspective 视图，选择 "Rectangle004"，单击块模式按钮 ，选红如图 1-117 所示的砖片，在【Edit Geometry】下单击【Detach】，弹出对话框输入【Detach as】：分离砖片 1，单击【OK】结束操作；选红视图中砖片在【Edit Geometry】下单击【Detach】，弹出对话框输入【Deatach as】：分离砖片 2，单击【OK】结束操作，如图 1-118 所示。

图 1-117

图 1-118

5. 关闭块模式按钮 ，选择"分离砖片 1、分离砖片 2、门洞"，单击右键，在快捷菜单单击【Hide Unselected】，切换 Top 视图，选择砖片组"分离砖片 1"，单击点模式按钮 ，框选右侧顶点以其右上角顶点为基准移动捕捉到如图 1-119 所示位置；选择"分离砖片 2"，框选左侧顶点，以其左上角顶点为基准移动如图 1-120 所示位置。

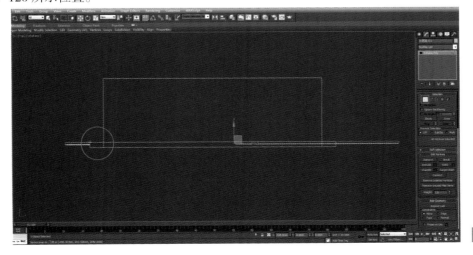

图 1-119

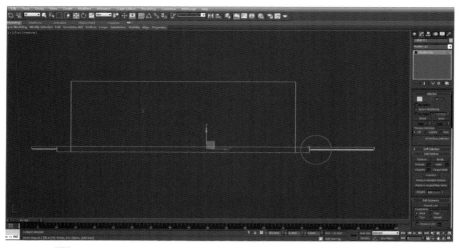

图 1-120

6. 关闭点模式按钮 ▦ , 切换 Perspective 视图, 鼠标右键并单击【Unhide All】, 选择 "Rectangle004" 单击块模式按钮 ▣ , 选红视图中两块砖片, 在【Edit Geometry】下单击【Detach】, 弹出对话框输入【Detach as】: 分离砖片 3, 单击【OK】结束操作, 如图 1-121 所示。

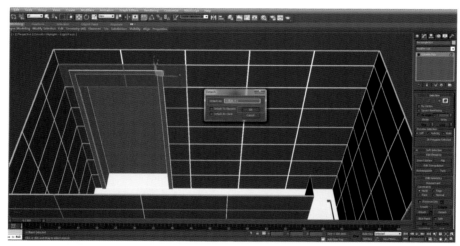

图 1-121

7. 关闭块模式按钮 ▣ , 选择 "分离砖片 3、门洞", 单击右键在快捷菜单击【Hide Unselected】, 切换 Front 视图, 选择 "分离砖片 3", 单击边线模式按钮 ◪ , 框选竖向线段在【Edit Edges】下单击【Connect】后按钮 ▦ , 弹出对话框输入【Connect Edges-Segment】: 1,【Connect Edges-Pinch】: 0,【Connect Edges-Slide】: 0, 勾选绿色勾结束操作, 如图 1-122 所示。

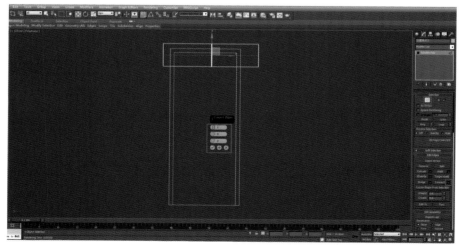

图 1-122

8. 框选全部横向线段，在【Edit Edges】下单击【Connect】后的按钮 ▣，弹出对话框输入【Connect Edges-Segment】：1，【Connect Edges-Pinch】：0，【Connect Edges-Slide】：0，并勾选绿色勾结束操作，如图 1-123 所示。

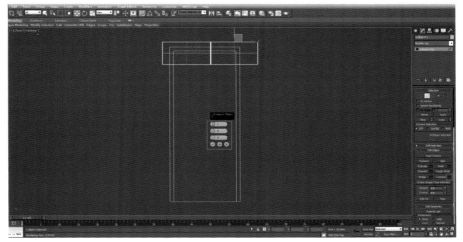

图 1-123

9. 单击 ▣ 切换 ▣，框选视图中线段单击对齐按钮 ▣，用拾取光标单击门洞，弹出对话框仅勾选【Y Position】，设置【Target Object】：Maximum，单击【OK】结束操作，如图 1-124 所示；框选左侧竖向线段单击对齐按钮 ▣，用拾取光标单击门洞。弹出的话框中仅勾选【X Position】，设置【Target Object】：Minimum，单击【OK】结束操作，如图 1-125 所示。

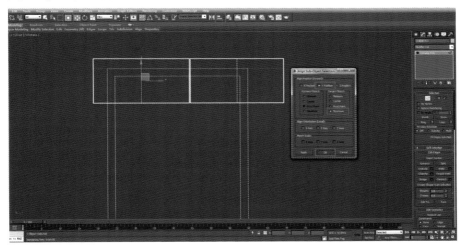

图 1-124

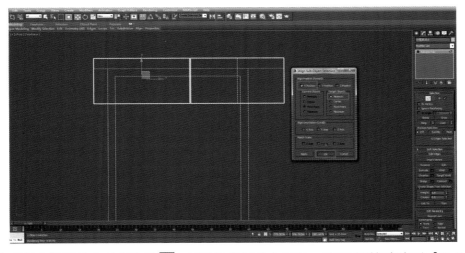

图 1-125

10. 框选右侧竖向线段单击对齐按钮 ▣，用拾取光标单击门洞。弹出对话框仅勾选【X Position】，设置【Target Object】：Maximum，随后单击【OK】结束操作，如图 1-126 所示。

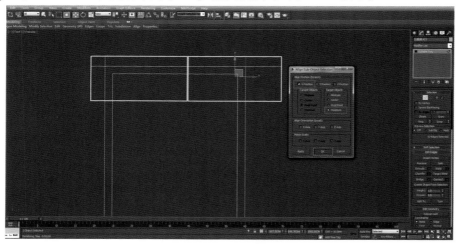

图 1-126

11. 关闭边线模式按钮 ，单击 还原 ，单击 面板，单击二维线按钮 ，取消勾选【Start New Shape】，单击【Line】，如图 1-127 所示箭头描出轮廓，在弹出的对话框中单击【是】结束操作；用相同方法描出右侧外轮廓，弹出对话框单击【是】结束操作，如图 1-128 所示。

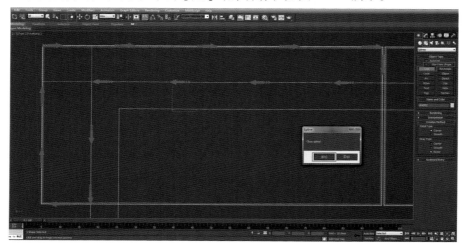

图 1-127

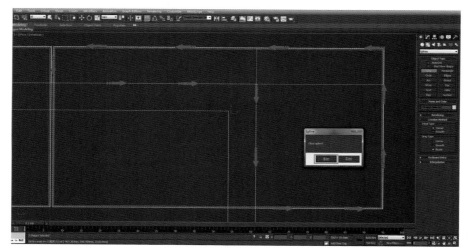

图 1-128

注意： 是局部框选到对象任意部位才能选中， 用法是将对象包含进选框才能选中。

12. 单击移动按钮 ，选择"分离砖片 3"按【Delete】删除，勾选【Start New Shape】，如图 1-129 所示；切换 Perspective 视图，选择"Line002"单击 面板，在下拉菜单单击【Extrude】，在【Parameters】

下输入【Amount】：10，如图 1-130 所示。

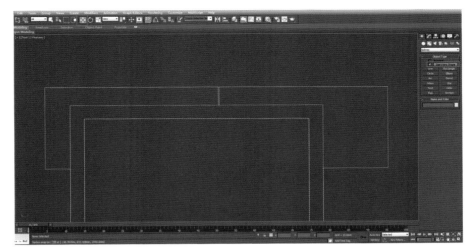

图 1-129

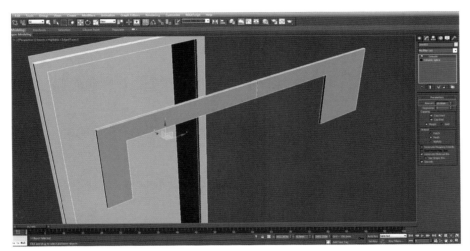

图 1-130

13. 鼠标右键在【Convert To】下单击【Convert to Editable Poly】，单击边线模式按钮 ，选红正面整圈线段。在【Edit Edges】下单击【Chamfer】后按钮 ，弹出对话框输入【Chamfer-Edge Chamfer Amount】：2，勾选绿色勾结束操作，如图 1-131 所示。

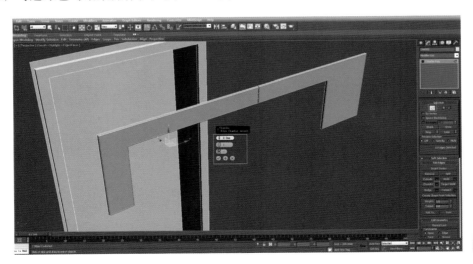

图 1-131

14. 在【Edit Edges】下再次单击【Chamfer】后的按钮 ，在弹出的对话框中输入【Chamfer-Edge

Chamfer Amount】：1，勾选绿色勾选项结束操作，如图 1-132 所示。

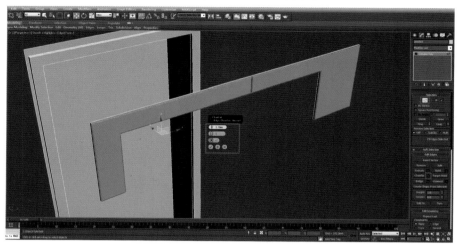

图 1-132

15. 切换 Top 视图，关闭边线模式按钮 ，鼠标右键在快捷菜单中单击【Unhide All】，选择 "Line002" 砖片组以左上角顶点为基准捕捉如图 1-133 所示位置；切换 Perspective 视图，选择 "Rectangle004" 在【Edit Geometry】下单击【Attach】后的 ，弹出对话框，在【Name】下选择 "Line002、分离砖片 1、分离砖片 2" 单击【Attach】结束操作，如图 1-134 所示。

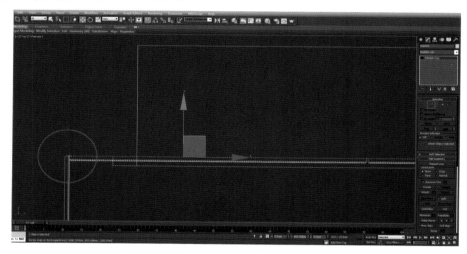

图 1-133

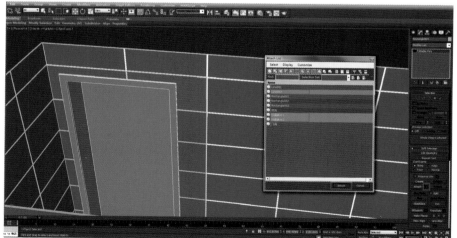

图 1-134

16. 切换 Top 视图，选择命名为 "Rectangle001" 按住快捷键【Shift】向上复制，弹出对话框单击【OK】 结束操作，如图 1-135 所示；单击块模式按钮 ，框选刚复制出来命名为 "Rectangle005" 砖片组左侧前两列砖之后按快捷键【Delete】将其删除，如图 1-136 所示；关闭块模式按钮 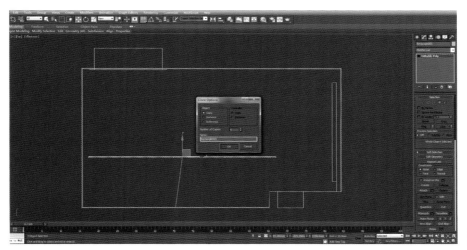，将"Rectangle005"砖片组以其右下角顶点为基准，移动捕捉到如图 1-137 所示位置。

图 1-135

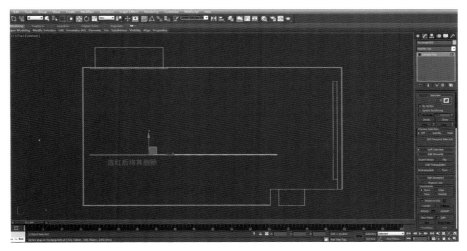
图 1-136

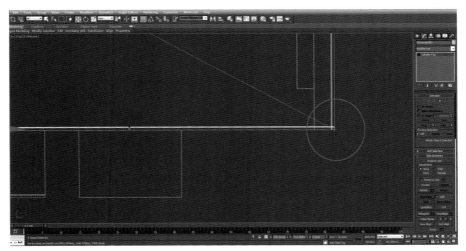
图 1-137

17. 单击对齐按钮 ，用拾取光标单击"Rectangle002"，弹出对话框勾选【X Position】，设置【Current Object】：Maximum，【Target Object】：Minimum，单击【OK】如图 1-138 所示；单击点模式按钮 ，框选左部顶点并以左下角顶点为基准移动捕捉到墙体阳角转折处，如图 1-139 所示；单击块模式按钮 ，按住【Shift】向左复制，弹出对话框单击【OK】结束操作，如图 1-140 所示。

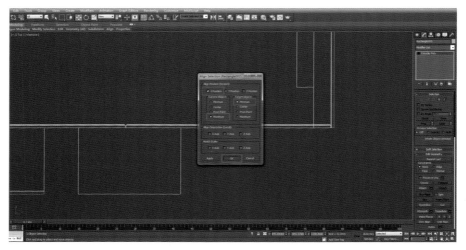

图 1-138

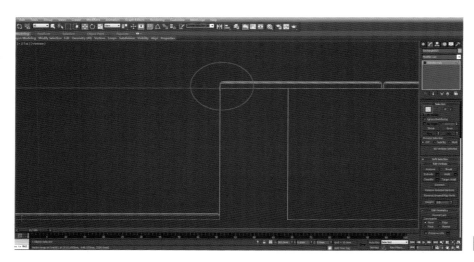

图 1-139

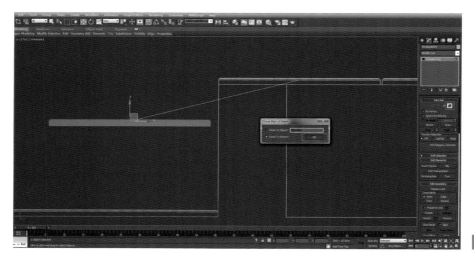

图 1-140

18. 在【Edit Geometry】下单击【Detach】，弹出对话框输入【Detach as】：分离砖片 4，单击【OK】结束操作，如图 1-141 所示；关闭块模式按钮 ▣，选择命名为"分离砖片 4"，单击坐标按钮 ▦，单击【Affect Pivot Only】，单击【Center to Object】，如图 1-142 所示；单击 ◪ 面板，单击旋转按钮 ⟳，单击角度捕捉

按钮 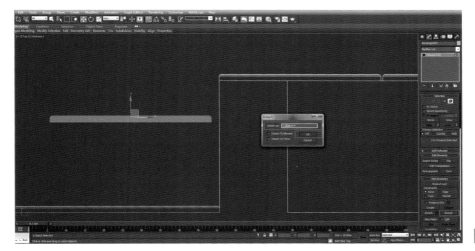，将"分离砖片 4"砖片组沿 Z 轴旋转 90°，如度 1-143 所示。

图 1-141

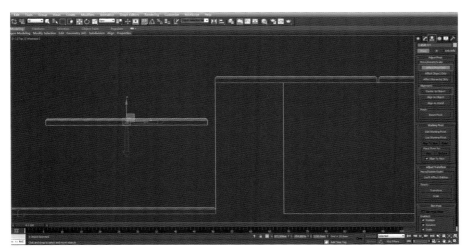

图 1-142

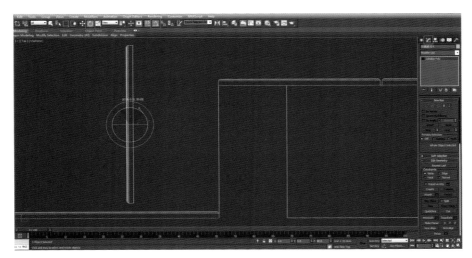

图 1-143

19. 关闭角度捕捉按钮 ，单击移动按钮 ，将该砖片组以右下角顶点为基准移动如图 1-144 所示位置；单击对齐按钮 ，用拾取光标单击 "Rectangle001"，弹出对话框勾选【Y Position】，设置【Current Object】：Minimum，【Target Object】：Maximum，单击【OK】，如图 1-145 所示；单击点模式按钮 ，框选模型顶部所有顶点，以右上角顶点为基准，移动捕捉到墙体阳角转折处，如图 1-146 所示。

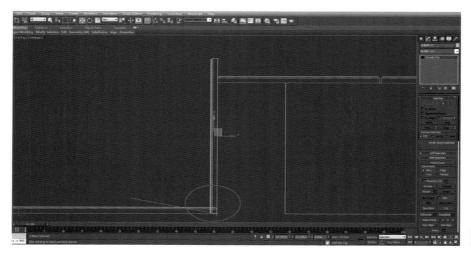

图 1-144

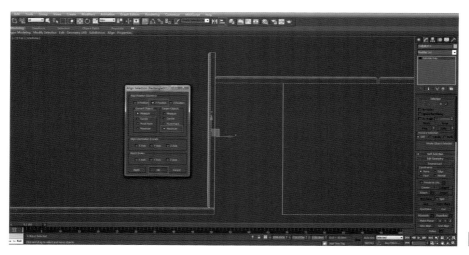

图 1-145

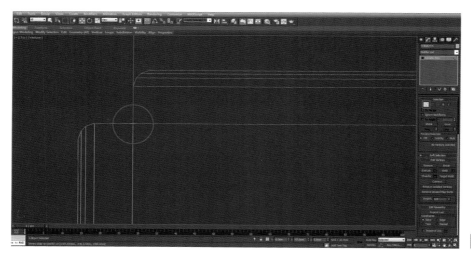

图 1-146

　　20. 切换 Perspective 视图，关闭点模式按钮 ，按快捷键【F3】，开启线框显示如图 1-147 所示；线框显示下可看出有四片砖片覆盖了壁龛，因此需要调整。按快捷键【F3】，选择 "Rectangle005"，单击块模式按钮 ，选红四块砖片在【Edit Geometry】下单击【Detach】，在弹出的对话框中输入【Detach as】：分离砖片 5，单击【OK】结束操作，如图 1-148 所示；关闭块模式按钮 ，由于砖片覆盖不易选择墙体"Line001",因此单击查询按钮 ，在弹出的对话框中选择 "Line001、分离砖片 5",单击【OK】结束操作,如图 1-149 所示。

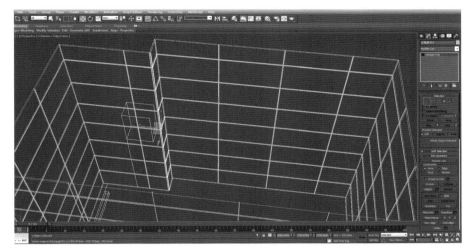

图 1-147

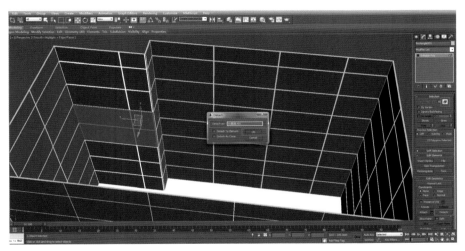

图 1-148

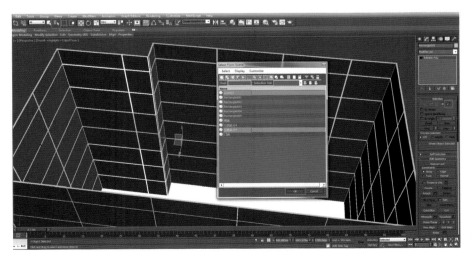

图 1-149

21. 切换 Perspective 视图,单击右键,在快捷菜单单击【Hide Unselected】,单击 面板,单击二维线按钮 ,单击【Line】,如图 1-150 所示,沿壁龛的四个顶点创建四条参照线段;单击移动按钮 ,选择"分离砖片 5",单击 面板,单击边线模式按钮 ,分别框选两列竖向线段,在【Edit Edges】下单击【Connect】后的按钮 ，在弹出的对话框中输入【Connect Edges-Segment】：1，【Connect Edges-Pinch】：0，【Connect Edges-Slide】：0，勾选绿色勾结束操作，如图 1-151 所示；将该砖片组所有横向线段选红，单击【Edit Edges】下【Connect】后的按钮 ，在弹出的对话框中输入【Connect Edges-Segment】：1，【Connect Edges-Pinch】：0，【Connect Edges-Slide】：0，并勾选绿色勾选项结束操作，如图 1-152 所示。

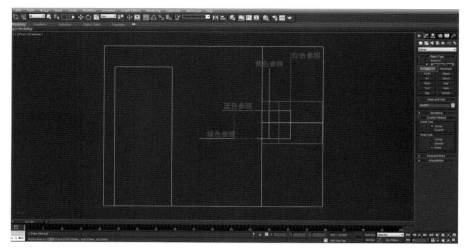

图 1-150

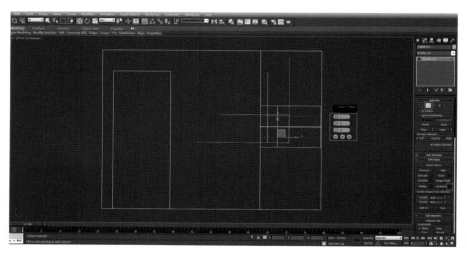

图 1-151

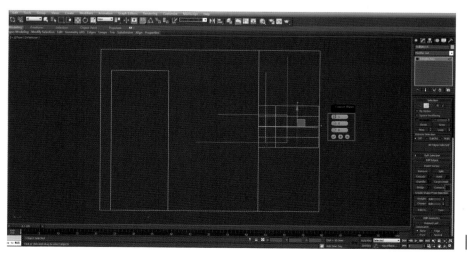

图 1-152

22. 通过观察可以发现该砖片组生成连接线段共四条，单击 ▦ 切换 ▦，框选上侧横向连接线，单击对齐按钮 ▦，在视图中用拾取光标单击蓝线段，在弹出的对话框中勾选【X Position】，设置【Target

Object】：Minimum，单击【OK】结束操作，如图 1-153 所示；框选下侧横向连接线，单击对齐按钮 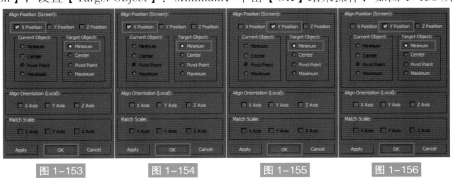，在视图中用拾取光标单击绿色线段，弹出对话框勾选【X Position】，设置【Target Object】：Minimum，单击【OK】结束操作，如图 1-154 所示；框选左侧竖向连接线，单击对齐按钮 ，在视图中用拾取光标单击黄色线段，弹出对话框勾选【Y Position】，设置【Target Object】：Minimum，单击【OK】结束操作，如图 1-155 所示；框选右侧竖向连接线，单击对齐按钮 ，在视图中用拾取光标单击红色线段，弹出对话框勾选【Y Position】，设置【Target Object】：Minimum，单击【OK】结束操作，如图 1-156 所示。

图 1-153　　　　　图 1-154　　　　　图 1-155　　　　　图 1-156

23. 关闭线模式按钮 ，单击 还原 。选择四条参照线段按【Delete】删除。单击 面板，再单击二维线按钮 ，取消勾选【Start New Shape】，单击线条按钮【Line】，如图 1-157 所示意红色部分创建闭合线，弹出对话框单击【是】结束操作；单击移动按钮 ，选择"分离砖片 5"砖片组按【Delete】删除，还原勾选【Start New Shape】如图 1-158 所示；切换 Perspective 视图，选择命名为"Line002"，单击 面板，在其下拉菜单单击【Extrude】，在【Parameters】中输入【Amount】：10，如图 1-159 所示。

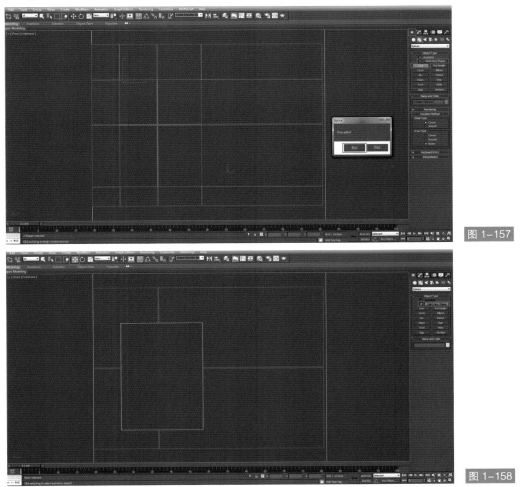

图 1-157

图 1-158

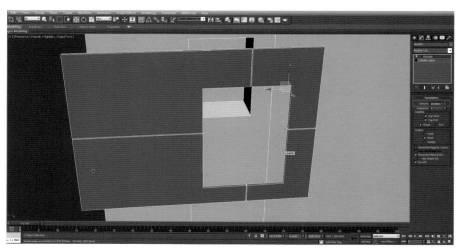

图 1-159

24. 鼠标右键在快捷菜单【Convert To】下单击【Convert to Editable Poly】, 单击边线模式按钮 ▢, 选红该模型正面整圈线段, 在【Edit Edges】下单击【Chamfer】后按钮 ▣, 弹出对话框输入【Chamfer-Edge Chamfer Amount】: 2, 勾选绿色勾结束操作, 如图 1-160 所示; 在【Edit Edges】下再次单击【Chamfer】后按钮 ▣, 弹出对话框输入【Chamfer-Edge Chamfer Amount】: 1, 勾选绿色勾结束操作, 如图 1-161 所示。

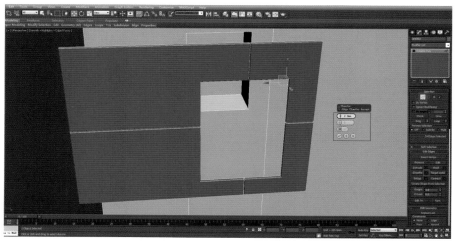

图 1-160

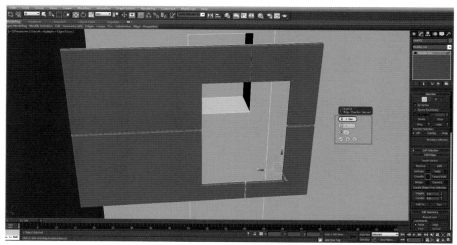

图 1-161

25. 切换 Top 视图, 关闭边线模式按钮 ▢, 鼠标右键在快捷菜单中单击【Unhide All】显示场景模型, 将命"Line002"以左下角顶点为基准移动捕捉到如图 1-162 所示位置; 框选壁龛突出部分, 鼠标右键单击【Hide Unselected】, 切换 Front 视图, 单击 ✴ 面板, 单击二维线按钮 ◷, 单击【Rectangle】, 如图 1-163 所示沿该壁龛左上角顶点为起点向右下角顶点捕捉创建矩形"Rectangle006"。

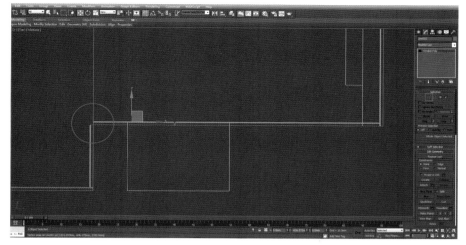

图 1-162

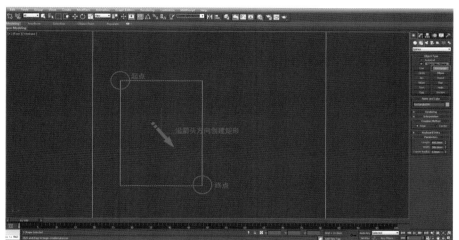

图 1-163

26. 切换 Perspective 视图，单击移动按钮 ，在 面板的下拉菜单单击【Extrude】，在【Parameters】中输入【Amount】：10，如图 1-164 所示；鼠标右键在快捷菜单【Convert To】下单击【Convert to Editable Poly】，单击边线模式按钮 ，选红正面整圈线段，在【Edit Edges】下单击【Chamfer】后按钮 ，弹出对话框输入【Chamfer-Edge Chamfer Amount】：2，勾选绿色勾结束操作，如图 1-165 所示；在【Edit Edges】下再次单击【Chamfer】后按钮 ，弹出对话框输入【Chamfer-Edge Chamfer Amount】：1，勾选绿色勾结束操作，如图 1-166 所示。

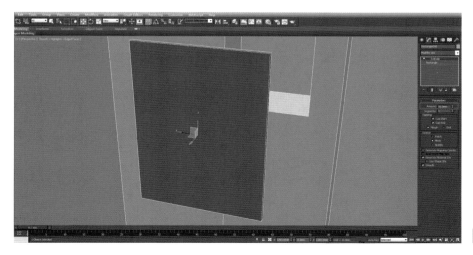

图 1-164

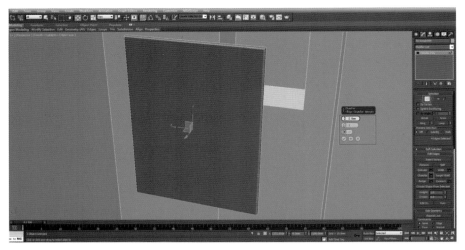

图 1-165

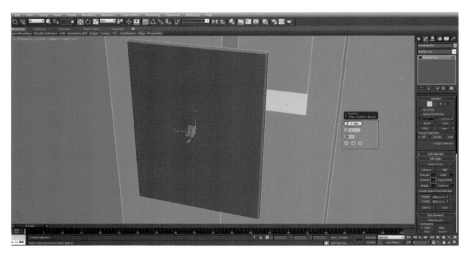

图 1-166

27. 切换 Top 视图，关闭边线模式按钮，将 "Rectangle005" 以左下角顶点为基准移动捕捉如图 1-167 所示位置；单击旋转按钮 ，单击角度捕捉按钮 ，按住快捷键【Shift】将砖片沿 Z 轴旋转 90°复制，弹出对话框单击【OK】结束操作，如图 1-168 所示；单击对齐按钮 ，用拾取光标单击 "Rectangle006"，弹出对话框勾选【Y Position】，设置【Current Object】: Minimum，【Target Object】: Maximum，单击【OK】如图 1-169 所示。

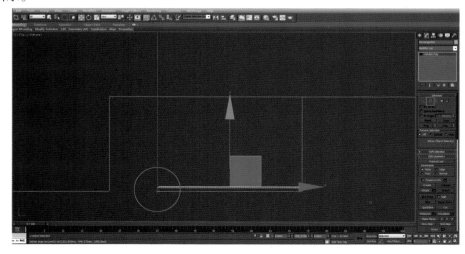

图 1-167

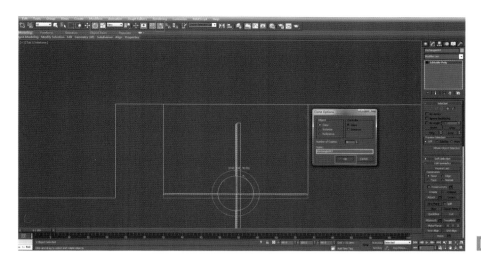

图 1-168

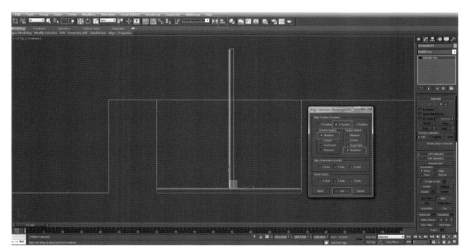

图 1-169

28. 单击对齐按钮 ，用拾取光标单击 "Rectangle006"，在弹出的对话框中勾选【X Position】，设置【Current Object】：Maximum，【Target Object】：Maximum，单击【OK】，如图 1-170 所示；单击点模式按钮 ，框选该砖片模型上部所有顶点，以其右上角顶点为基准，移动并捕捉到如图 1-171 所示位置；关闭点模式按钮 ，单击旋转按钮 ，选择命名为 "Rectangle006" 砖片，按住快捷键【Shift】沿 Z 轴旋转负 90°，在弹出的对话框中单击【OK】结束操作，如图 1-172 所示。

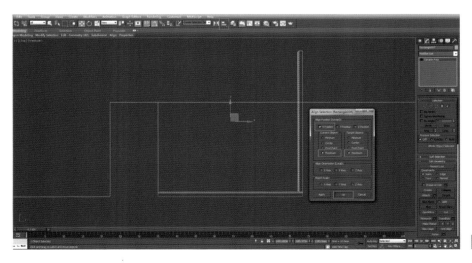

图 1-170

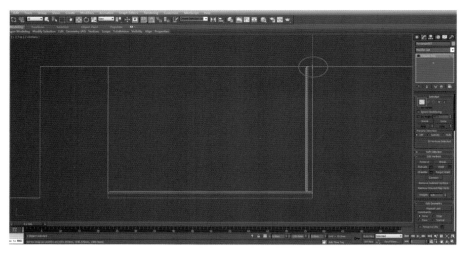

图 1-171

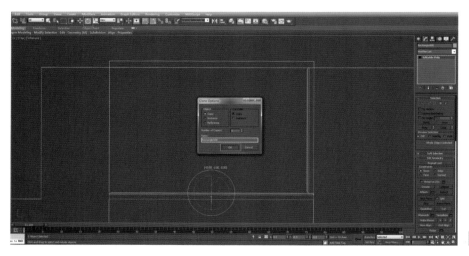

图 1-172

29. 单击对齐按钮 ，用拾取光标单击 "Rectangle006"，弹出对话框仅勾选【Y Position】，设置【Current Object】：Minimum，【Target Object】：Maximum，随后单击【OK】并关闭角度捕捉按钮 ，如图 1-173 所示；切换 Left 视图，单击对齐按钮 ，用拾取光标单击 "Rectangle006，弹出对话框勾选【Y Position】，设置【Current Object】：Maximum，【Target Object】：Maximum，随后单击【OK】结束操作，如图 1-174 所示；单击点模式按钮 ，框选 "Rectangle009" 左侧角点，以左上角顶点为基准移动捕捉到如图 1-175 所示位置。

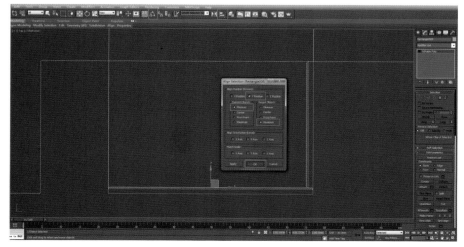

图 1-173

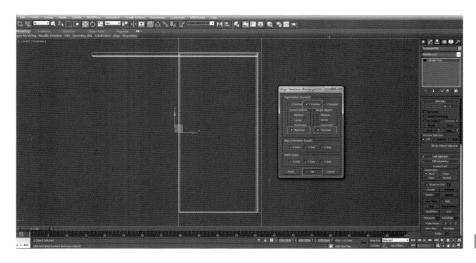

图 1-174

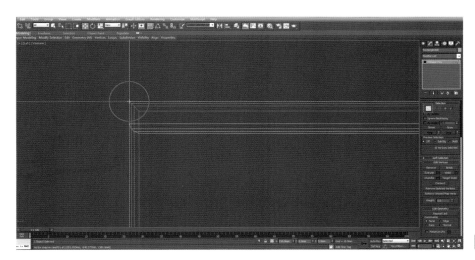

图 1-175

30. 关闭点模式按钮，单击镜像按钮，在弹出的对话框中设置【Mirror Axis】：Y，【Clone Selection】：Copy，单击【OK】结束操作，如图 1-176 所示；将 "Rectangle009" 以其左下角顶点为基准，移动捕捉到如图 1-177 所示位置。

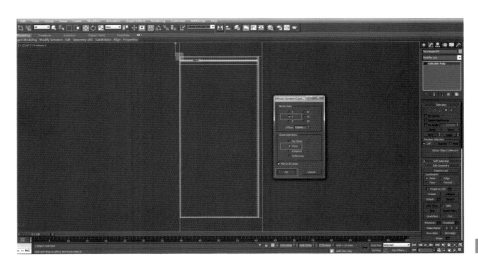

图 1-176

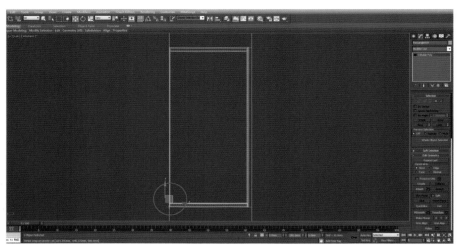

图 1-177

31. 切换 Left 视图，选择"Rectangle008"，单击点模式按钮 ▦ 将其上部顶点全部框选，右键单击移动按钮 ✛，在弹出的对话框中输入【Offset:Screen】下【Y】：−10，如图 1-178 所示。

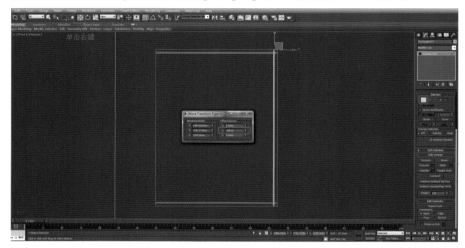

图 1-178

32. 框选"Rectangle009"砖片下部顶点，右键单击移动按钮 ✛，在弹出的对话框中输入【Offset:Screen】下【Y】：10，如图 1-179 所示；关闭点模式按钮 ▦，单击镜像按钮 ❖，在弹出的对话框中设置【Mirror Axis】：X，【Clone Selection】：Copy，单击【OK】结束操作，如图 1-180 所示；单击对齐按钮 ▤，用光标单击"Rectangle008"，在弹出的对话框中勾选【X Position】，设置【Current Object】：Minimum，【Target Object】：Minimum，单击【OK】结束操作，如图 1-181 所示。

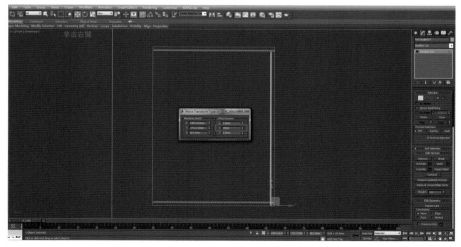

图 1-179

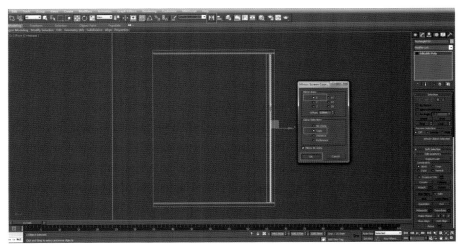

图 1-180

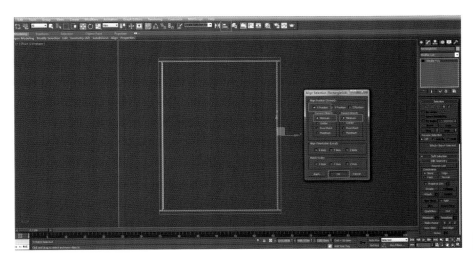

图 1-181

1.3.3 地砖与水槽收边设计制作

1. 切换 Perspective 视图，鼠标右键在快捷菜单单击【Unhide All】，选择 "Rectangle001"，单击角度捕捉按钮 ，单击旋转按钮 ，按住快捷键【Shift】将其沿 Y 轴旋转 90° 复制，在弹出的对话框中单击【OK】结束操作，如图 1-182 所示；关闭角度捕捉按钮 ，单击对齐按钮 ，用拾取光标单击地面，在弹出的对话框中勾选【Z Position】，设置【Current Object】：Minimum，【Target Object】：Maximum，之后单击【OK】结束操作，如图 1-183 所示。

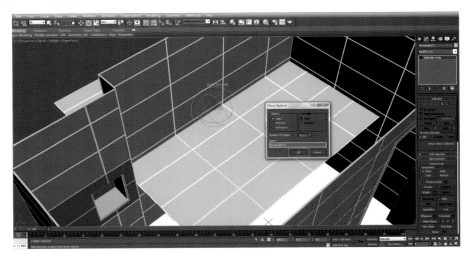

图 1-182

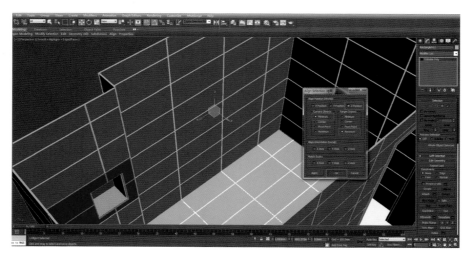

图 1-183

2. 切换 Top 视图，单击块模式按钮 ▣，如图 1-184 所示选择该砖片按快捷键【Delete】将其删除；关闭块模式按钮 ▣，单击对齐按钮 ▣，在视图上用拾取光标单击"Rectangle001"，在弹出的对话框中勾选【Y Position】，设置【Current Object】：Minimum，【Target Object】：Maximum，单击【OK】结束操作，如图 1-185 所示；单击点模式按钮 ⋯，框选"Rectangle011"左侧全部顶点并右键单击移动按钮 ✛，在弹出的对话框中输入【Offset:Screen】下【X】：10，利用整体移动的方式达到与墙砖边缘对齐的目的，如图 1-186 所示。

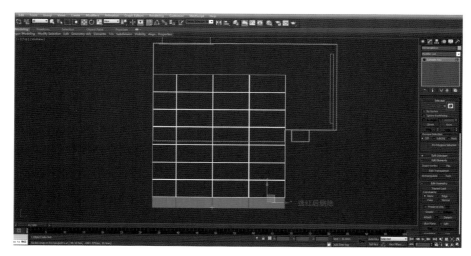

图 1-184

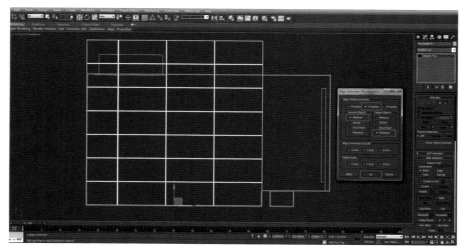

图 1-185

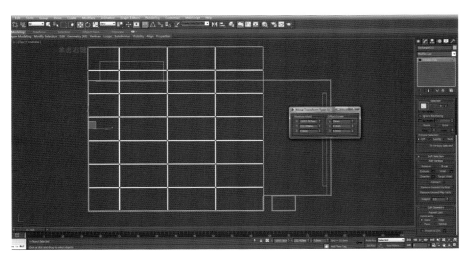

图 1-186

3. 关闭捕捉按钮 ，单击块模式 ，选红 "Rectangle011" 第一排砖片，按快捷键【Shift】将其沿 X 轴向右移动复制，之后在【Edit Geometry】下单击【Detach】，在弹出的对话框中输入【Detach as】：分离砖片 6，最后单击【OK】结束操作，如图 1-187 所示；关闭块模式按钮 ，单击坐标按钮 ，选择单击【Affect Pivot Only】，之后再单击【Center to Object】，如图 1-188 所示；单击对齐按钮 ，用拾取光标单击 "Rectangle005"，在弹出的对话中框勾选【X Position】，设置【Current Object】：Maximum，【Target Object】：Maximum，随后单击【OK】结束操作，如图 1-189 所示。

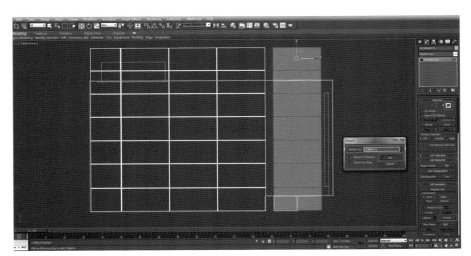

图 1-187

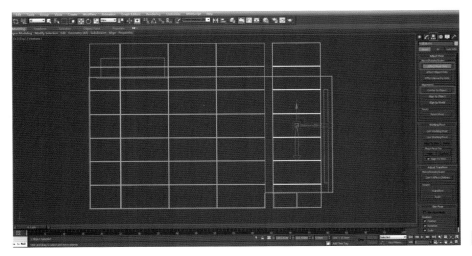

图 1-188

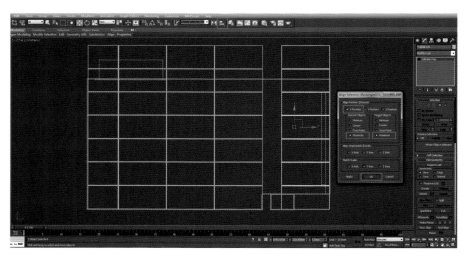

图 1-189

4.单击点模式按钮 ▣，选择"Rectangle011"，框选右侧全部顶点，右键单击移动按钮 ✛，在弹出的对话框中输入【Offset:Screen】下【X】：-3，如图 1-190 所示；关闭点模式按钮 ▣，选择"分离砖片 6"，按快捷键【Shift】将其沿 X 轴向左复制后单击对齐按钮 ▤，用拾取光标单击"Rectangle005"，在弹出的对话框中勾选【X Position】，设置【Current Object】：Minimum，【Target Object】：Minimum，之后单击【OK】结束操作，如图 1-191 所示；单击捕捉按钮 ▣，单击点模式按钮 ▣，框选"分离砖片 007"右侧全部顶点，以其右上角顶点为基准，将其移动捕捉到如图 1-192 所示位置。

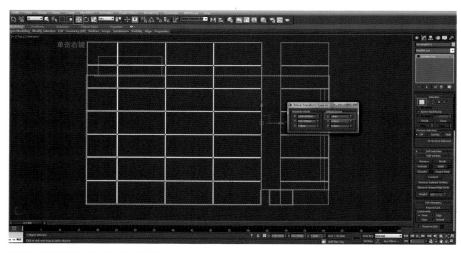

图 1-190

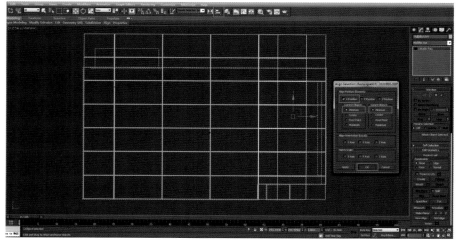

图 1-191

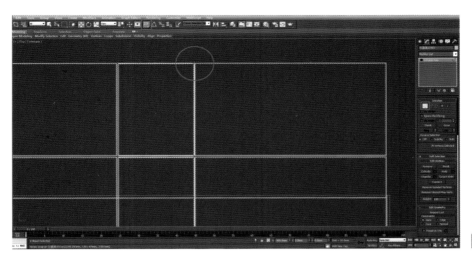

图 1-192

5. 在移动按钮 ⊕ 单击右键，弹出对话框输入【Offset:Screen】下 X：-3，如图 1-193 所示；关闭点模式按钮 ▦，选择 "Rectangle011"，在【Edit Geometry】下单击【Attach】后 ▦，弹出对话框在【Name】下选择 "分离砖片 6、分离砖片 007" 并单击【Attach】结束操作，如图 1-194 所示；单击块模式按钮 ▣，框选如图 1-195 所示 "Rectangle011" 四片砖片并按【Delete】删除。

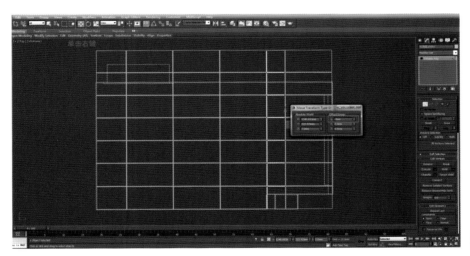

图 1-193

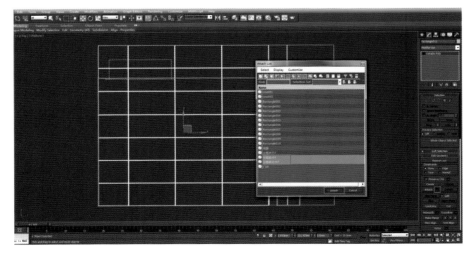

图 1-194

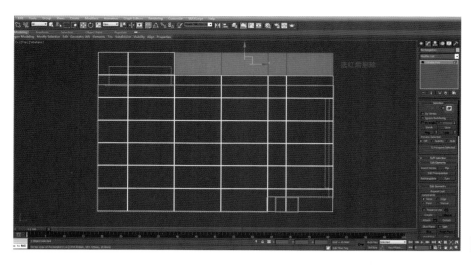

图 1-195

　　6. 切换 Perspective 视图观察水槽附近墙砖与地砖缝隙存在错位并准备调整，切换 Top 视图，单击
█ 面板，再单击二维线按钮 █，如视图所示位置捕捉创建矩形，长度为 116 mm，该数值就是所有横向
砖缝需位移距离，如图 1-196 所示；单击点模式按钮 █，将"Rectangle011"如视图所示框选上下底边
内所有横向砖缝，右键单击移动按钮 █，在弹出的对话框中输入【Offset:Screen】下【Y】：-116，如
图 1-197 所示。

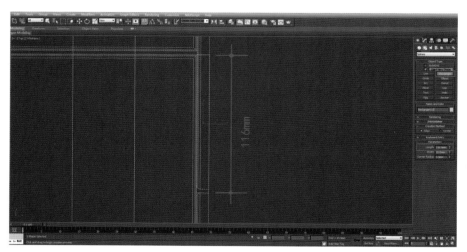

图 1-196

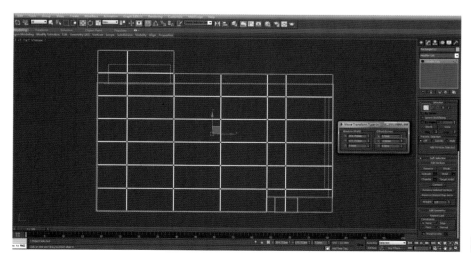

图 1-197

7. 参考前一小节所学利用参照矩形调整顶点的方法，调整超出卫生间面积范围的地砖顶点与调整水槽区域的镂空造型，如图 1-198、图 1-199 所示。

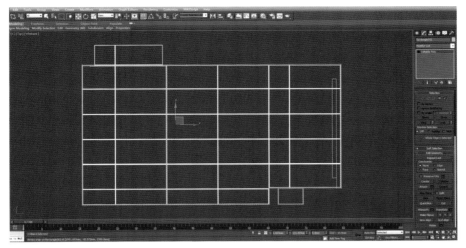

图 1-198

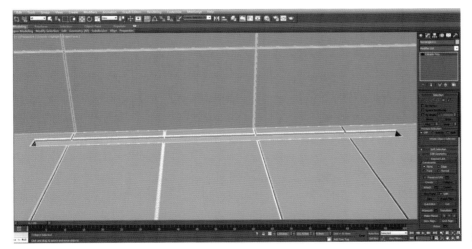

图 1-199

8. 选择 "Rectangle001" 在【Edit Geometry】下单击【Attach】后 ▣ 按钮，弹出对话框在【Name】下选择 "Line002、Rectangle002——Rectangle011、分离砖片 4" 并单击【Attach】结束操作，如图 1-200 所示；选择 "Rectangle001"，鼠标右键单击【Hide Unselected】，单击坐标按钮 ▨，单击【Affect Pivot Only】，之后单击【Center to Object】，如图 1-201 所示。

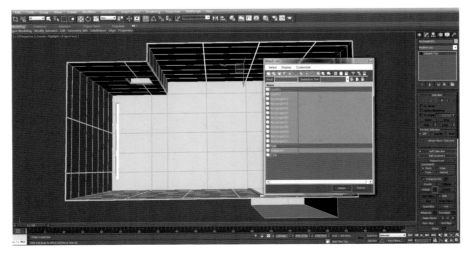

图 1-200

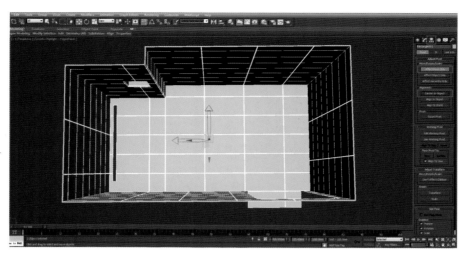

图 1-201

9.单击 面板与面模式按钮 ，选红所有砖片背面按【Delete】删除，如图 1-202 所示；切换 Top 视图，鼠标右键单击【Unhide All】，单击捕捉按钮 ，单击 面板，单击二维线按钮 ，单击【Rectangle】描出水槽轮廓，鼠标右键在【Convert To】下单击【Convert to Editable Spline】，单击样条线模式按钮 ，在【Geometry】下设置【Outline】：10，如图 1-203 所示；切换 Perspective 视图，在 面板的下拉菜单中选择单击【Extrude】，在【Parameters】中输入【Amount】：10，如图 1-204 所示。

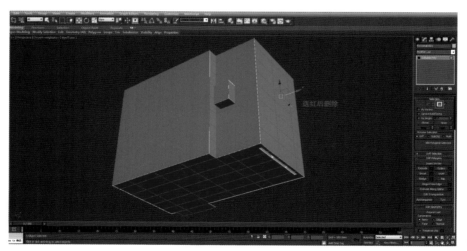

图 1-202

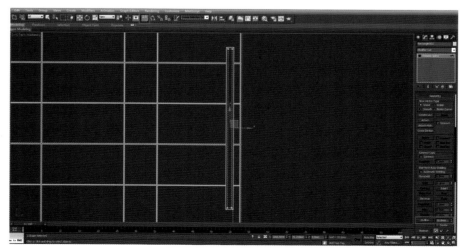

图 1-203

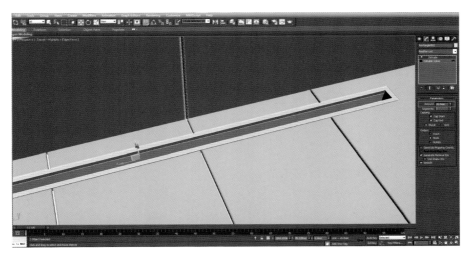

图 1-204

10. 选择"地面"，鼠标右键单击【Hide Unselected】，单击面模式按钮 ▣，选红凹陷部位五个面在【Edit Geometry】下单击【Detach】，弹出对话框输入【Detach as】：水槽，随后单击【OK】结束操作，如图 1-205 所示；鼠标右键单击【Unhide All】，选择"水槽"，在【Edit Geometry】下单击【Attach】，用拾取光标单击"Rectangle002"如图 1-206 所示；切换 Top 视图，，单击 ✳ 面板，单击二维线按钮 ⬡，单击【Rectangle】，如图 1-207 所示区域沿内墙砖对顶角创建矩形，在【Parameters】中设置【Width】：60。

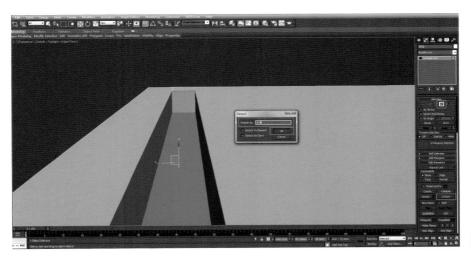

图 1-205

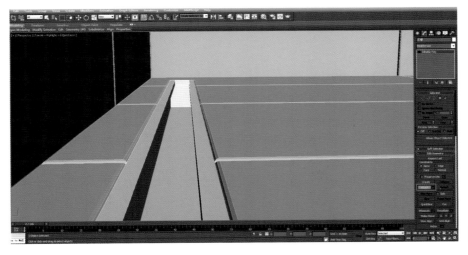

图 1-206

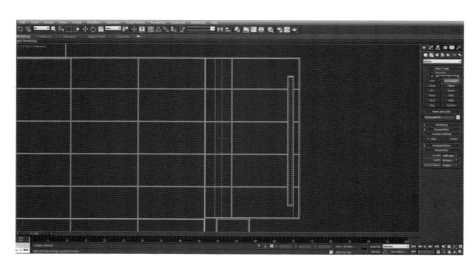

图 1-207

11. 在 ▣ 面板的下拉菜单中选择单击【Extrude】，在【Parameters】中输入【Amount】：40，并将其以左下角顶点为基准移动捕捉到如图 1-208 所示位置；右键单击移动按钮 ✥，弹出对话框输入【Offset:Screen】下【Y】：10，如图 1-209 所示；单击视图空白处，即取消选择物体，切换 Perspective 视图，调整角度如图 1-210 所示。

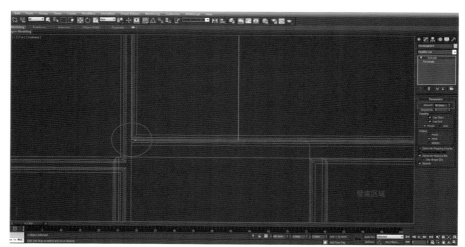

图 1-208

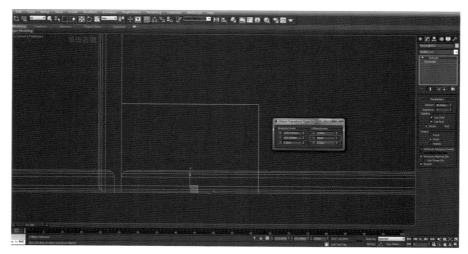

图 1-209

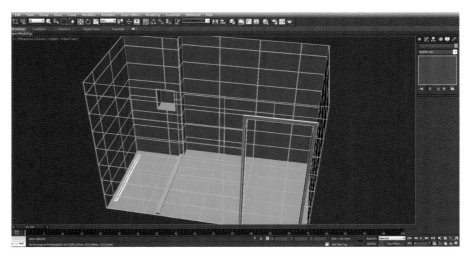

图 1-210

　　小结：本章围绕室内空间建模技术进行初步讲解，详细介绍了利用多边形建模技术在同一空间不同界面中相继建立各个造型的方法与技巧；以及让读者理解通过将固定的命令进行适当的排列组合，能够以高效、准确的方式将空间场景进行相应设计。作为初学者而言，掌握多边形建模基础知识。理解相关应用命令之间的逻辑关系能够为后继学习高级建模与动画渲染提供扎实的前提基础。因此，笔者在具体的讲解中，始终将该空间建模过程中出现的重点与难点部分作出详细的步骤分解，希望读者能够耐心阅读，勤学多练，能够熟练灵活的运用多边形建模基础知识进行空间设计。

SECOND
CHAPTER

Design for Virtual Environment

第二章

第二章 创建虚拟卫具模型

经过第一章的讲解，读者对多边形建模基础知识与室内界面创建流程有了一定认识，在本章环节中，将针对卫生间室内空间的卫具模型进行创建，从而引导读者学习更多高级命令，其中也涉及曲面模型创建方法与四边线布线基本原理。因此，学好本章知识点能够快速在环境设计专业领域中提升建模能力，同时也为后继学习渲染与动画奠定了扎实的前提基础。

2.1 隔断与柜体创建

2.1.1 淋浴隔断的创建

1. 接上章模型，选择"Rectangle002"模型，单击右键选择隐藏命令【Hide Unselected】，切换 Left 视图，单击 ✦ 面板，单击二维线按钮 ❖，单击【Rectangle】创建矩形，在【Parameters】下中输入【Length】：2000，【Width】：1480，单击如图 2-1 所示；单击右键在快捷菜单【Convert To】下单击【Convert to Editable Spline】，单击样条线模式按钮 ︿，在【Geometry】下设置【Outline】：50，如图 2-2 所示；在 ◢ 面板下单击【Extrude】并在【Parameters】下输入【Amount】：50，将其以右下角顶点为基准移动捕捉到"Rectangle002"的右下角顶点，如图 2-3 所示。

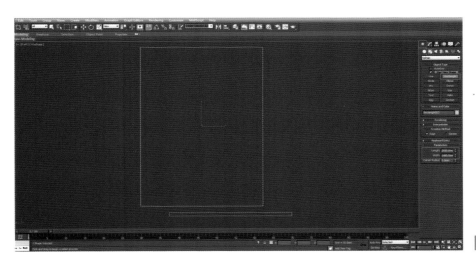

图 2-1

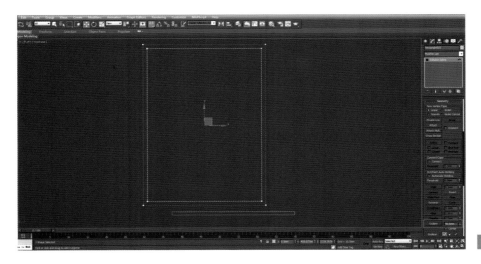

图 2-2

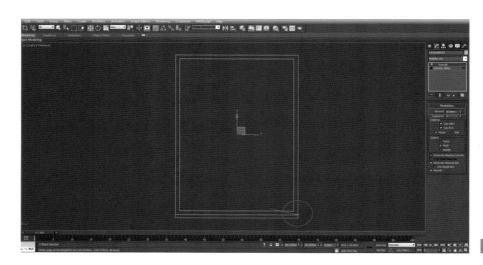

图 2-3

2.单击 ■ 面板,单击二维线按钮 ■ ,单击【Rectangle】沿"Rectangle003"对顶角捕捉并创建"Rectangle004"矩形,在【Parameters】下输入【Width】:690,如图 2-4 所示;在 ■ 面板下单击【Extrude】,并在【Parameters】下输入【Amount】:10,将其移动捕捉到如图 2-5 所示位置;切换 Top 视图,将"Rectangle004"移动复制"Rectangle005"并捕捉顶点如图 2-6 所示。

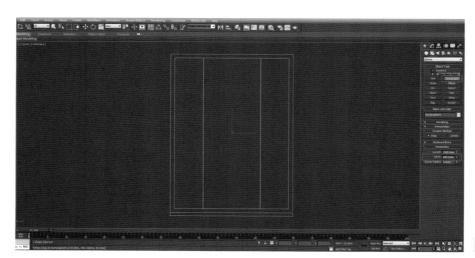

图 2-4

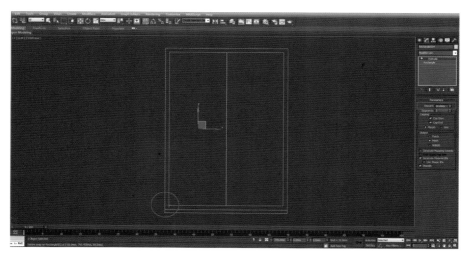

图 2-5

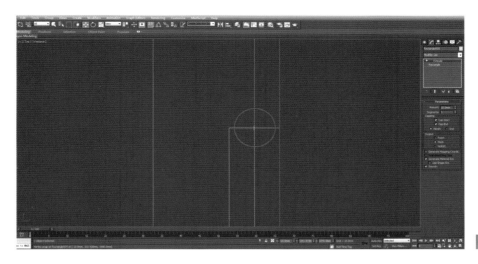

图 2-6

3. 切换 Perspective 视图，选择 "Rectangle004" 模型，单击右键在快捷菜单【Convert To】下单击【Convert to Editable Poly】，在【Edit Geometry】下单击【Attach】，在视图中用拾取光标单击 "Rectangle005"，如图 2-7 所示；单击对齐按钮 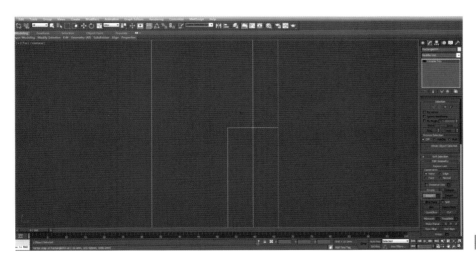，用拾取光标单击 "Rectangle003"，在弹出的对话框中仅勾选【X Position】，设置【Current Object】：Center，【Target Object】：Center，单击【OK】结束操作，如图 2-8 所示。

图 2-7

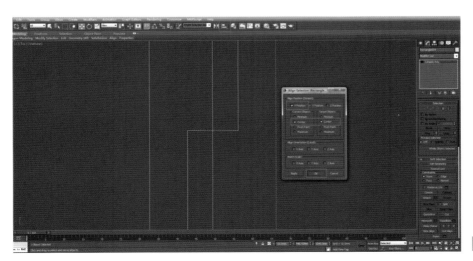

图 2-8

4.框选"Rectangle003"、"Rectangle004",在菜单栏单击【Group】,在弹出的对话框中单击【OK】结束操作,如图2-9所示;单击对齐按钮 ,用拾取光标单击"Rectangle002",在弹出的对话框中勾选【X Position】,设置【Current Object】:Center,【Target Object】:Center,随后单击【OK】结束操作,如图2-10所示,再次单击【Group】下【Ungroup】,如图2-11所示。

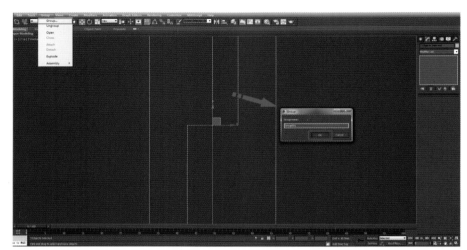

图2-9

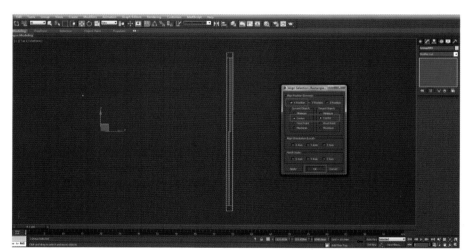

图2-10

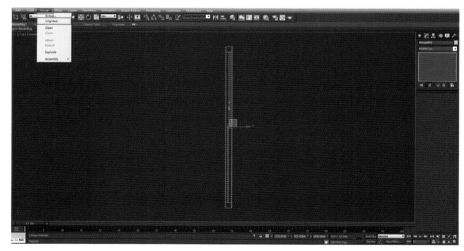

图2-11

5.切换 Front 视图，单击 ◈ 面板，单击二维线按钮 ◔，单击【Rectangle】，创建矩形，在【Parameters】下输入【Length】：280，【Width】：60，如图 2-12 所示；单击右键在快捷菜单【Convert To】下单击【Convert to Editable Spline】，单击边线模式按钮 ◢，将该矩形左侧线段选红按【Delete】删除，勾选【Rendering】下【Enable In Renderer】与【Enable In Viewport】，设置【Thickness】：30，如图 2-13 所示；单击点模式按钮 ▦，设置【Geometry】下【Fillet】：30，如图 2-14 所示。

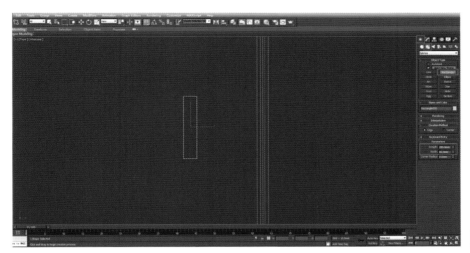

图 2-12

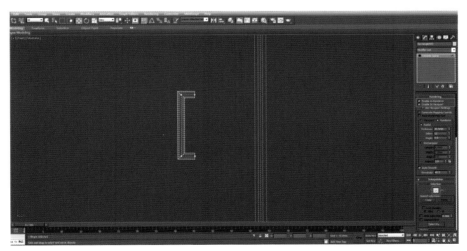

图 2-13

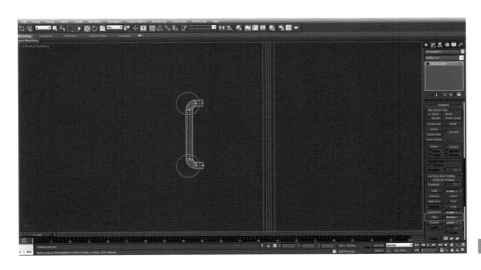

图 2-14

6. 切换 Perspective 视图，单击右键，在快捷菜单【Convert To】下单击【Convert to Editable Poly】，单击面模式按钮 ▣，将把手固定部位的圆面选红按【Delete】删除，单击线圈模式按钮 ◉，选红该处线圈，单击缩放按钮 ▣，按住【Shift】放大复制单面如图 2-15 所示；单击移动按钮 ✛，关闭捕捉按钮 ²⁵ₙ，将其按住【Shift】沿 X 轴向前复制移动单面，在【Edit Borders】下单击【Cap】，如图 2-16 所示。

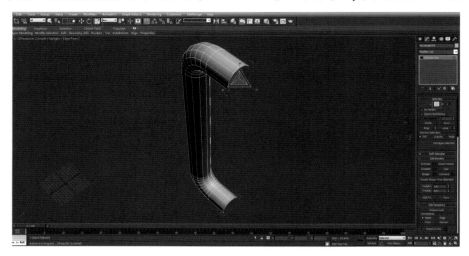

图 2-15

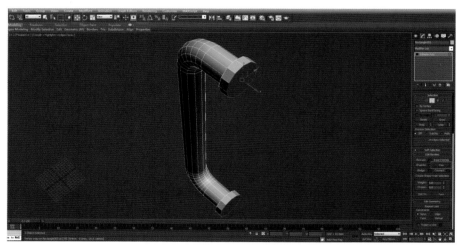

图 2-16

7. 切换 Top 视图，关闭线圈模式按钮 ◉，单击捕捉按钮 ²⁵ₙ，如图视图位置进行捕捉移动，之后关闭捕捉按钮 ²⁵ₙ，将把手沿 Y 轴向下放置，如图 2-17 所示。

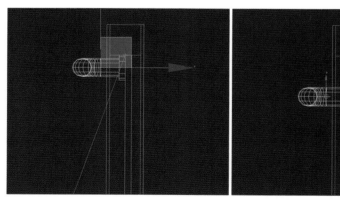

图 2-17

8. 单击旋转按钮 ↻，单击角度捕捉按钮 ⟁，将把手沿 Y 轴旋转 90° 复制，在弹出的对话框中单击【OK】结束操作，如图 2-18 所示；关闭角度捕捉按钮 ⟁，单击镜像按钮 ⋈，在弹出的对话框中设置【Mirror

Axis】：X，【Clone Selection】：No Clone，并单击【OK】结束操作，如图 2-19 所示。

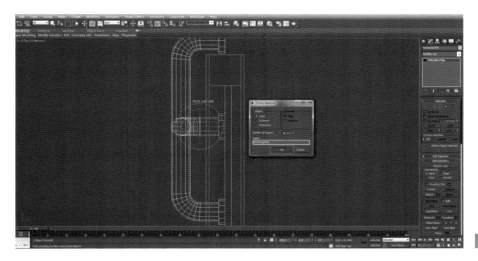

图 2-18

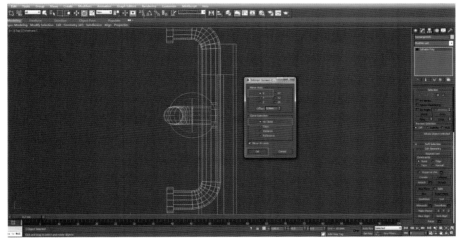

图 2-19

9. 单击对齐按钮 ，用拾取光标单击"Rectangle004"。在弹出的对话框中勾选【X Position】，设置【Current Object】：Minimum，【Target Object】：Maximum，随后单击【OK】结束操作，如图 2-20 所示；单击对齐按钮 ，用拾取光标单击"Rectangle005"，在弹出的对话框中勾选【Y Position】，设置【Current Object】：Maximum，【Target Object】：Maximum，随后单击【OK】结束操作，如图 2-21 所示。

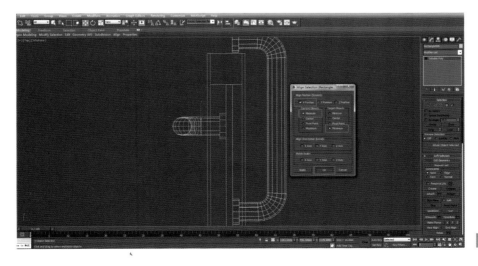

图 2-20

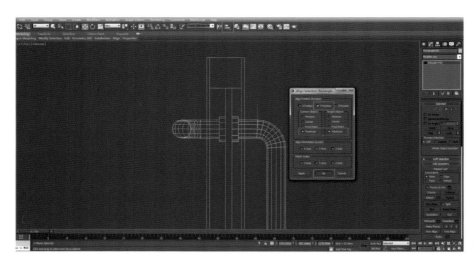

图 2-21

10. 切换 Left 视图，单击对齐按钮 ，用拾取光标单击 "Rectangle005"。在弹出的对话框中勾选【Y Position】，设置【Current Object】：Minimum，【Target Object】：Minimum，随后单击【OK】结束操作，如图 2-22 所示；选择 "Rectangle005"，在【Edit Geometry】下单击【Attach】，用拾取光标单击 "Rectangle006"，单击对齐按钮 ，用光标单击 "Rectangle004"。在弹出的对话框中勾选【Y Position】，设置【Current Object】：Center，【Target Object】：Center，单击【OK】结束操作，如图 2-23 所示。

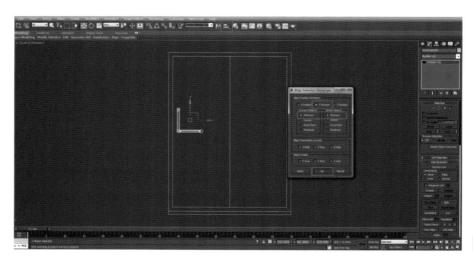

图 2-22

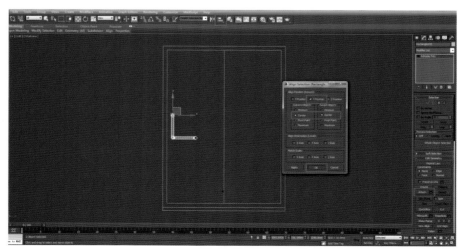

图 2-23

11. 单击点模式按钮 ，将把手右侧顶点全部框选沿 X 轴向右移动如图 2-24 所示；切换 Perspective 视图，鼠标右键单击【Unhide All】，选择"Rectangle004"模型，单击材质编辑按钮 ，在弹出的【Material Editor】编辑器中单击第一个材质球，设置【Opacity】：30，单击赋予按钮 ，将材质赋予物体，如图 2-25 所示；将"Rectangle002-005"一起选中，在菜单栏单击【Group】，在下拉菜单中仍单击【Group】，并在弹出的对话框中输入【Group name】：移门，单击【OK】结束操作，如图 2-26 所示。

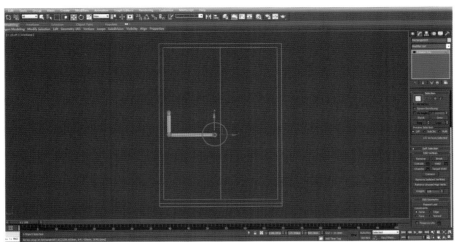

图 2-24

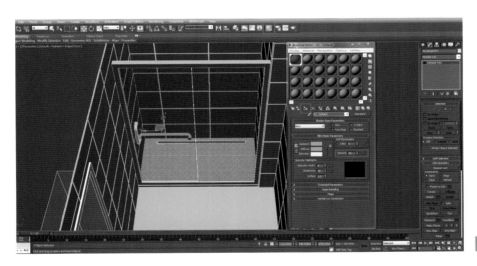

图 2-25

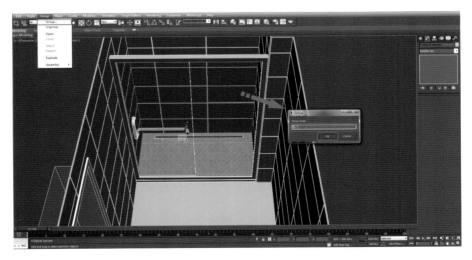

图 2-26

2.1.2 柜体的创建

1. 全选物体，单击鼠标右键选择【Hide Selection】，单击 ✴ 面板，单击实体按钮 ⬤，单击【Box】，在【Parameters】中输入【Length】：400，【Width】：1000，【Height】：400，如图 2-27 所示；切换 Left 视图，单击捕捉按钮 ⧉，单击 ✴ 面板，单击二维线按钮 ◐，单击【Rectangle】，利用对顶角捕捉创建矩形，如图 2-28 所示；利用对顶角捕捉创建矩形，在【Parameters】下中输入【Width】：3，如图 2-29 所示。

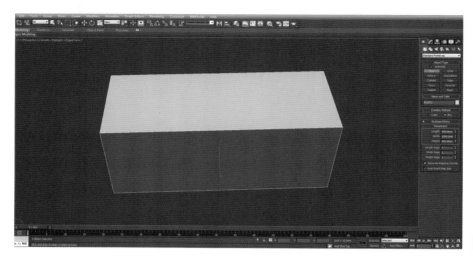

图 2-27

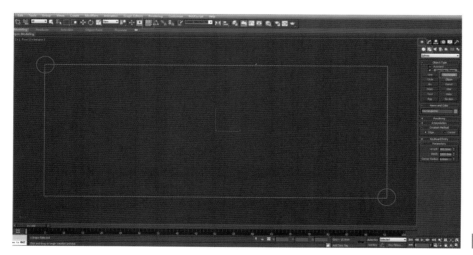

图 2-28

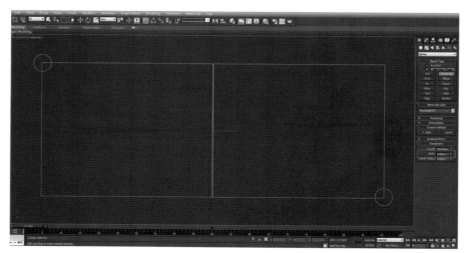

图 2-29

2. 参考第 1 步过程，继续利用该方法，如图 2-30、图 2-31 所示依次创建其他矩形。

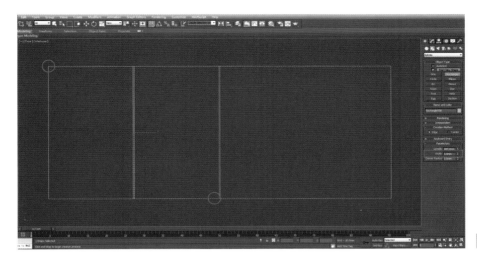

图 2-30

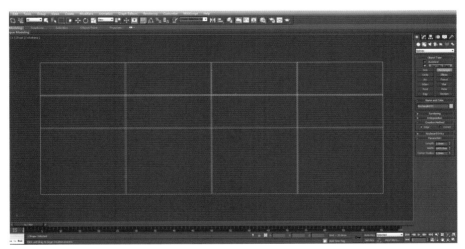

图 2-31

3. 单击缩放按钮 ，将创建的矩形适当拉伸，如图 2-32 所示；切换 Perspective 视图，单击右键在快捷菜单【Convert To】下单击【Convert to Editable Spline】，在【Geometry】下单击【Attach】，在视图中用拾取光标依次单击其他矩形并附加为整体，如图 2-33 所示。

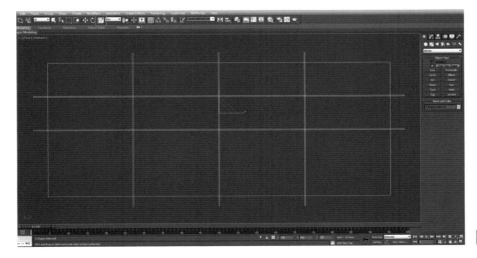

图 2-32

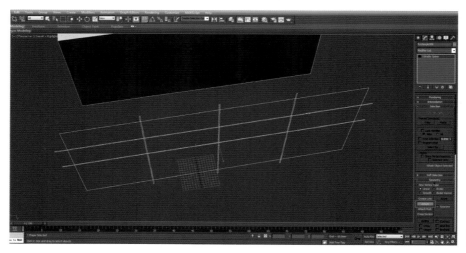

图 2-33

4. 切换 Front 视图，为了不与 Box 重合且利于编辑，单击移动按钮 ![]，关闭捕捉按钮 ![]，将附加后的图形沿 Y 轴向上移动，单击样条线模式按钮 ![]，在【Geometry】下单击【Trim】，先大致修剪如图 2-34 所示；如视图中的方式依次将各个局部修剪，确保线段之间不相交，修剪完后如图 2-35 所示；单击点模式按钮 ![]，框选全部顶点，在【Geometry】单击【Weld】，将所有顶点焊接为整体，如图 2-36 所示。

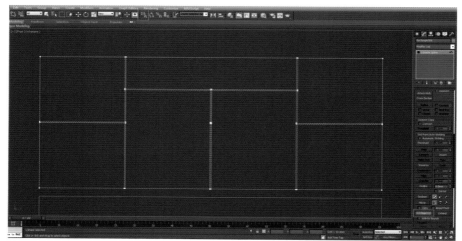

图 2-34

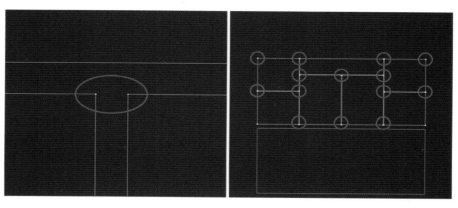

图 2-35

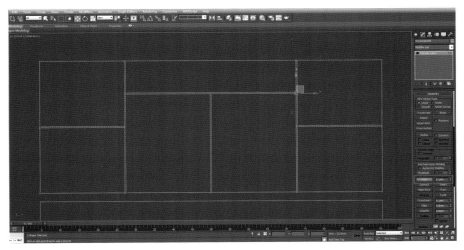

图 2-36

5. 切换 Perspective 视图，在 面板下拉菜单中单击【Extrude】，在【Parameters】下输入【Amount】：20，按下捕捉按钮 不放，在出现的下拉菜单中选择 ，将其移动捕捉到视图中所在的位置，如图2-37所示；选择 "Box001" 单击右键在快捷菜单【Convert To】下单击【Convert to Editable Poly】，在【Edit Geometry】下单击【Attach】，用拾取光标单击 "Rectangle006"，如图 2-38 所示。

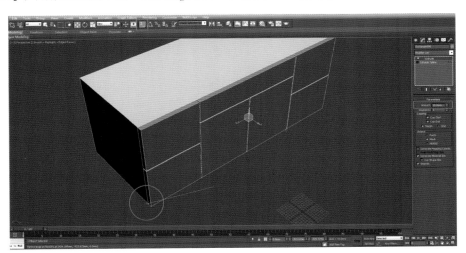

图 2-37

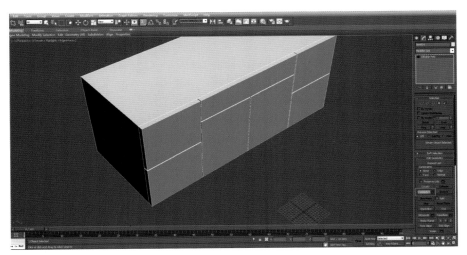

图 2-38

6. 切换 Top 视图，还原 ，单击 面板，单击二维线按钮 ，单击【Rectangle】，在柜体上方创建矩形，在【Parameters】下输入【Length】：20，【Width】：100，如图 2-39 所示；单击右键在快捷菜单【Convert

To】下单击【Convert to Editable Spline】，单击线段模式按钮，将该矩形底边线段按【Delete】删除，单击样条线模式按钮，在【Geometry】下设置【Outline】：6，如图 2-40 所示；切换 Perspective 视图，在面板的下拉菜单中选择单击【Extrude】，在【Parameters】输入【Amount】：12，如图 2-41 所示。

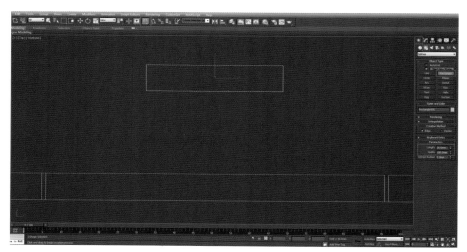

图 2-39

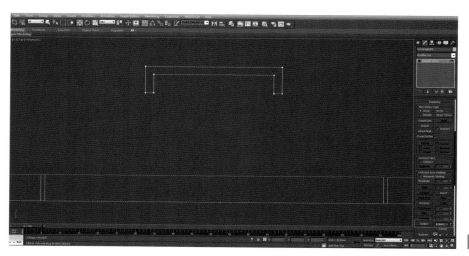

图 2-40

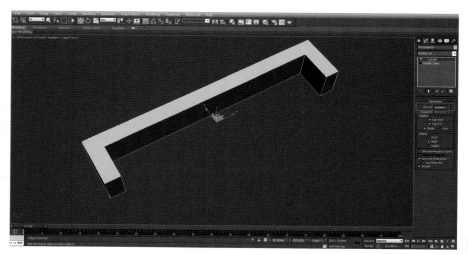

图 2-41

7. 单击右键在快捷菜单【Convert To】下单击【Convert to Editable Poly】，单击面模式按钮，将把手固定部分的面选红按【Delete】删除，单击线圈模式按钮 📷 ，选红该处线圈，单击缩放按钮 📷 ，按住【Shift】放大复制单面如图 2-42 所示；单击移动按钮 📷 ，关闭捕捉按钮 📷 ，将其按住【Shift】沿 X 轴向前复制移动单面，在【Edit Borders】下单击【Cap】，如图 2-43 所示。

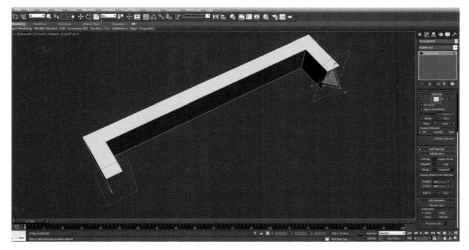

图 2-42

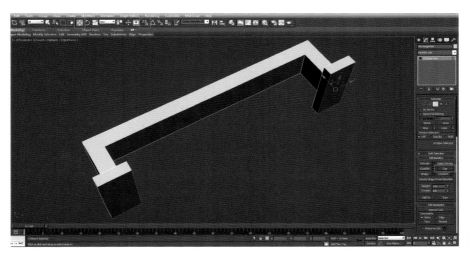

图 2-43

8. 单击线圈模式按钮 📷 ，单击对齐按钮 📷 ，用拾取光标单击"Box001"，在弹出的对话框中勾选【Y Position】，设置【Current Object】：Minimum，【Target Object】：Maximum，随后单击【OK】结束操作，如图 2-44 所示。

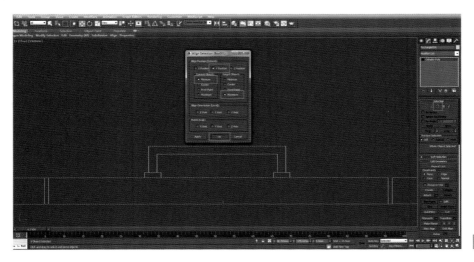

图 2-44

9. 单击捕捉按钮 ，单击 面板，单击二维线按钮 ，单击【Rectangle】，如图 2-45 沿其对顶角捕捉并创建矩形；单击移动按钮 ，选择 "Rectangle006" 模型，单击对齐按钮 ，用拾取光标单击 "Rectangle007"，在弹出的对话框中勾选【X Position】与【Y Position】，设置【Current Object】：Center，【Target Object】：Center，随后单击【OK】结束操作，如图 2-46 所示。

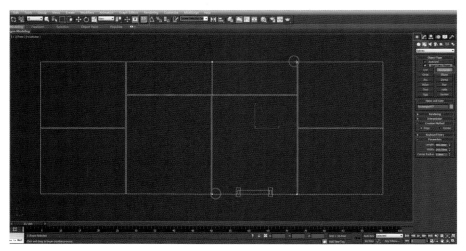

图 2-45

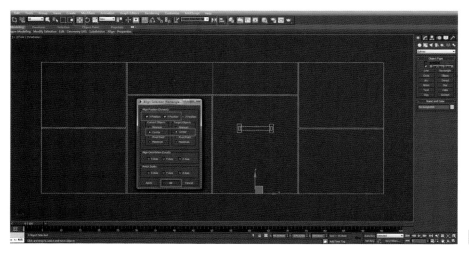

图 2-46

10. 选择 "Rectangle007" 按【Delete】删除，单击【Rectangle】，利用对顶角位置创建矩形，并单击缩放按钮将其沿 Y 轴拉伸，如图 2-47 所示；选择 "Rectangle006" 模型，按住【Shift】将其复制后单击对齐按钮 ，用拾取光标单击 "Rectangle007"，在弹出的对话框中勾选【Y Position】，设置【Current Object】：Minimum，【Target Object】：Maximum，随后单击【OK】结束操作，如图 2-48 所示。

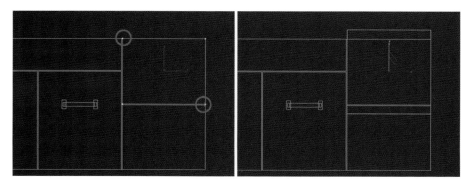

图 2-47

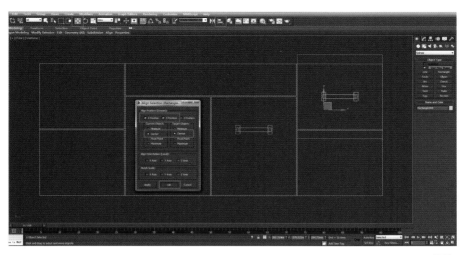

图 2-48

11. 参考第 9-10 步过程，按视图中位置将创建其他把手，选择 "Rectangle006" 单击 ▲ 面板，在【Edit Geometry】下单击【Attach】，用光标依次单击其他把手，如图 2-49 所示；切换 Perspective 视图，单击 ▓ 面板，单击实体按钮 ◯ ，在其下拉菜单选择【Extended Primitives】，单击【ChamferBox】，在【Parameters】下中输入【Length】：420，【Width】：1000，【Height】：35，【Fillet】：3，如图 2-50 所示；单击右键在快捷菜单【Convert To】下单击【Convert to Editable Poly】，单击面模式按钮 ▓ ，全选面片，在【Polygon：Smoothing Groups】下单击【Clear All】，如图 2-51 所示。

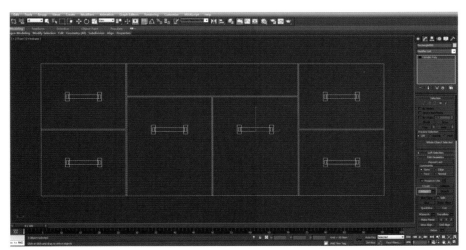

图 2-49

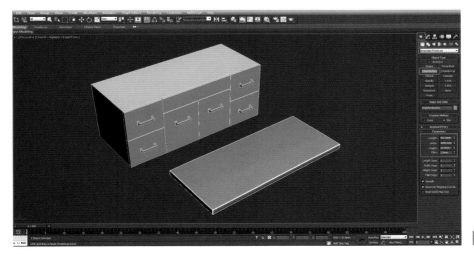

图 2-50

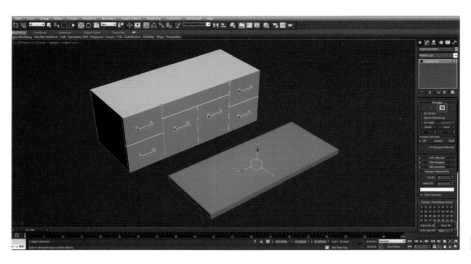

图 2-51

12. 切换 Top 视图，单击对齐按钮 ，用拾取光标单击 "Box001"，在弹出的对话框中勾选【X Position】与【Y Position】，设置【Current Object】：Center，【Target Object】：Center，随后单击【OK】结束操作，如图 2-52 所示；切换 Perspective 视图，单击对齐按钮 ，用拾取光标单击 "Box001"，在弹出的对话框中勾选【Z Position】，设置【Current Object】：Minimum，【Target Object】：Maximum，随后单击【OK】结束操作，如图 2-53 所示。

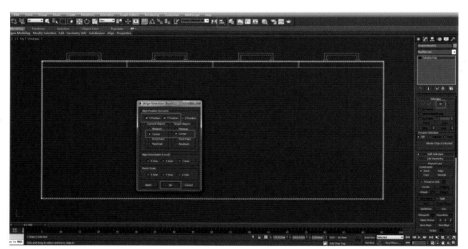

图 2-52

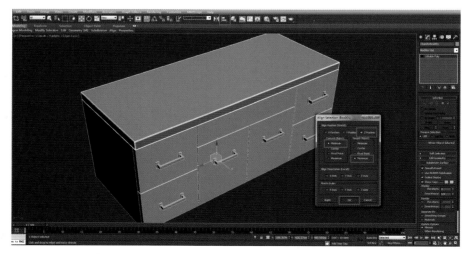

图 2-53

13. 选择 Top 视图，单击 ▦ 面板，单击二维线按钮 ▣，单击【Rectangle】，创建矩形，在【Parameters】下中输入【Length】：400，【Width】：300，如图 2-54 所示；再创建矩形，在【Parameters】下输入【Length】：150，【Width】：150，如图 2-55 所示；单击移动按钮 ✥，选择"Rectangle007"将其捕捉移动到视图中位置，单击【Line】，描出"L"形轮廓形，在弹出的对话框中单击【是】结束操作，如图 2-56 所示。

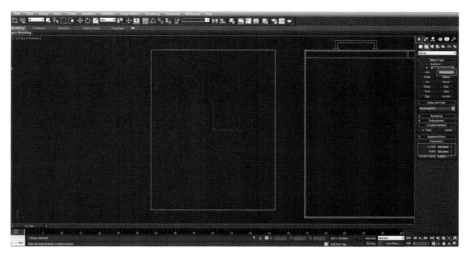

图 2-54

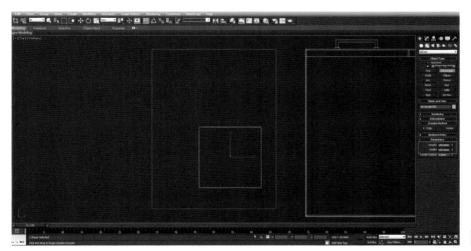

图 2-55

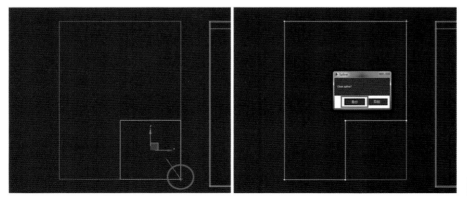
图 2-56

14. 切换 Perspective 视图，单击移动按钮 ✥，框选"Rectangle007—Rectangle008"模型，按【Delete】删除，

选择"Line002"单击 ▣ 面板，在其下拉菜单选择单击【Extrude】，并在【Parameters】下输入【Amount】：1960，如图 2-57 所示；单击边线模式按钮 ▣，选择"Line002"底面左右两条线段，在【Edit Edges】下单击【Connect】将两线段间连接垂直线段，如图 2-58 所示；单击面模式按钮 ▣，选红视图中的面在【Edit Polygon】下单击【Extrude】后按钮 ▣，在弹出的对话框中输入【Extrude Polygons Height】：40，勾选绿色勾结束操作，如图 2-59 所示。

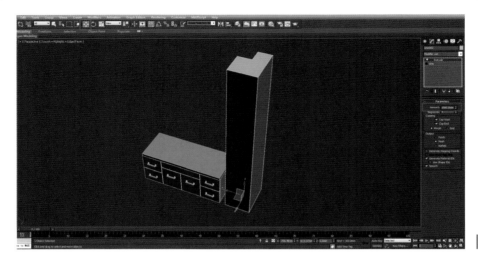

图 2-57

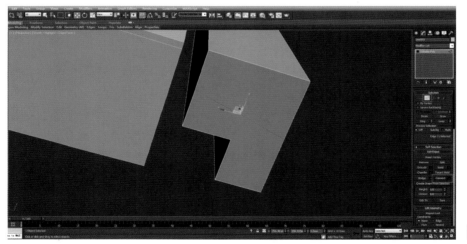

图 2-58

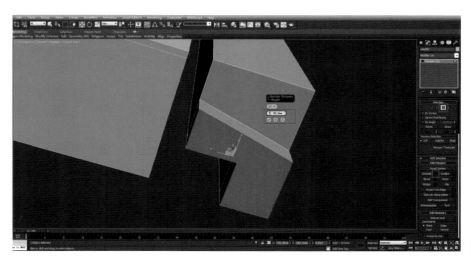

图 2-59

15. 切换 Top 视图，单击 ⬡ 面板，单击二维线按钮 ⬡，单击【Line】，如视图位置捕捉创建线段，如图 2-60 所示；选择"Line002"，单击点模式按钮 ⬡，框选连接线上两点，单击对齐按钮 ⬡，用拾取光标单击"Line003"，在弹出的对话框中勾选【Y Position】，设置【Target Object】：Maximum，随后单击【OK】结束操作，如图 2-61 所示；关闭捕捉按钮 ⬡，关闭点模式按钮 ⬡，选择"Line003"按【Delete】删除，关闭点模式按钮 ⬡，框选连接线两个顶点沿 Y 轴向上移动到如图 2-62 所示位置。

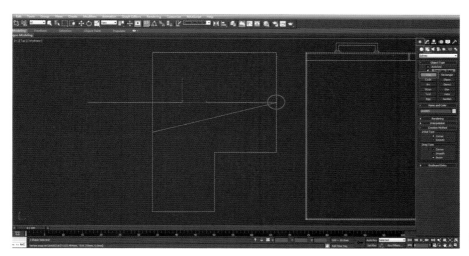

图 2-60

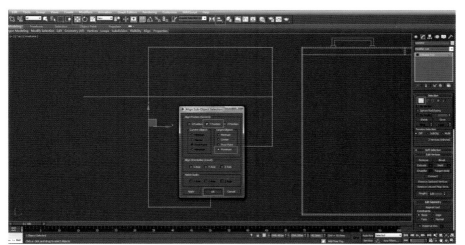

图 2-61

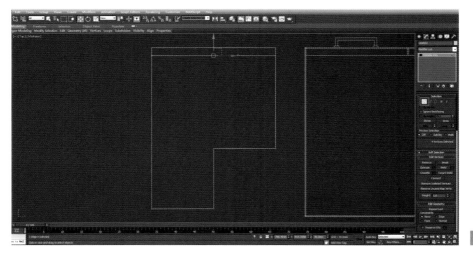

图 2-62

16. 单击捕捉按钮 ，关闭点模式按钮 ，将"Line002"捕捉到如图 2-63 所示位置；切换 Left 视图，框选"ChamferBox001"、"Box001"、"Rectangle006"右键单击移动按钮 ，弹出对话框，在【Offset：Screen】下输入【Y】：260，如图 2-64 所示；关闭对话框，单击 面板，单击二维线按钮 ，单击【Rectangle】，创建矩形，在【Parameters】下中输入【Length】：695，【Width】：300，如图 2-65 所示。

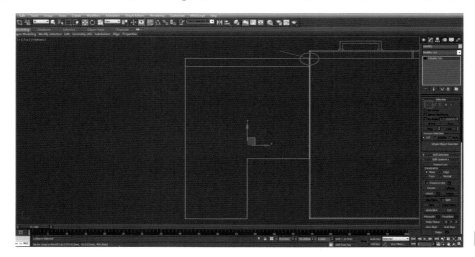

图 2-63

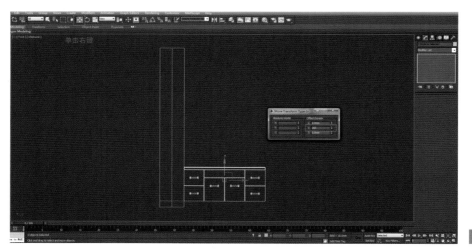

图 2-64

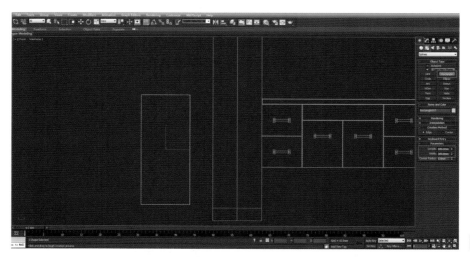

图 2-65

17. 切换 Perspective 视图，在 下拉菜单单击【Extrude】，在【Parameters】输入【Amount】：20，

按下捕捉按钮 ![2.5n] 不放，在出现的下拉菜单中选择捕捉按钮 ![3n]，并将其捕捉移动如图 2-66 所示位置；切换 Front 视图，还原 ![2.5n]，单击 ![面板] 面板，单击二维线按钮 ![图标]，单击【Rectangle】，创建矩形，在【Parameters】下中输入【Length】：3，【Width】：600，如图 2-67 所示；单击移动按钮 ![图标]，将"Rectangle008"移动捕捉到如图 2-68 所示位置。

图 2-66

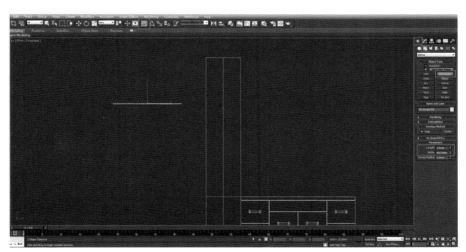

图 2-67

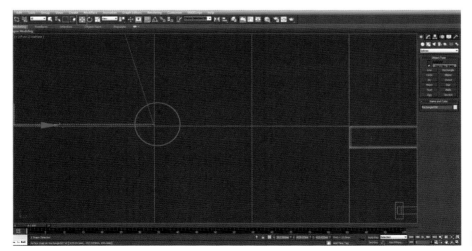

图 2-68

18. 单击【Rectangle】，如视图所标注对顶角，利用捕捉创建矩形，在【Parameters】下中输入【Length】：3，如图 2-69 所示；如视图所标注对顶角，利用捕捉创建两个矩形，如图 2-70 所示。

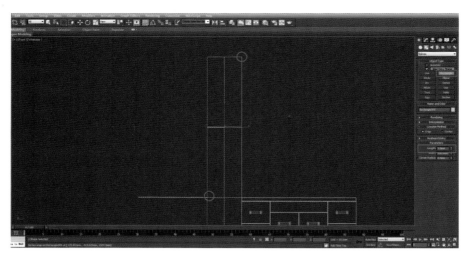

图 2-69

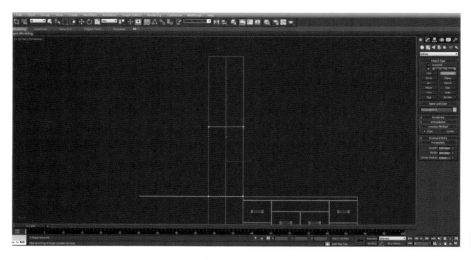

图 2-70

19. 单击移动按钮 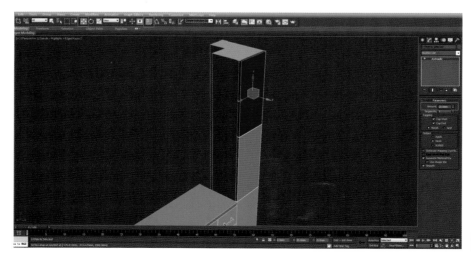 ，选择 "Rectangle008-009" 按【Delete】删除，选择 "Rectangle010-011" 单击 面板，在其下拉菜单中单击【Extrude】，在【Parameters】下输入【Amount】：20，按下捕捉按钮 不放，在出现的下拉菜单中选择 ，将其移动捕捉到视图中所在的位置，如图 2-71 所示；选择 "Rectangle007" 单击右键在【Convert To】下单击【Convert to Editable Poly】，在【Edit Geometry】下单击【Attach】，用拾取光标单击 "Rectangle010-011"，如图 2-72 所示。

图 2-71

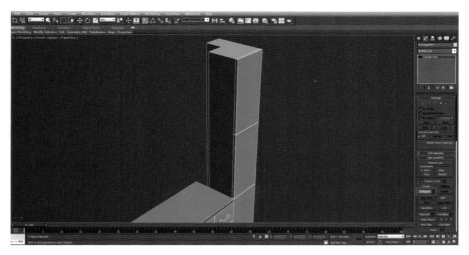

图 2-72

20. 切换 Front 视图，单击移动按钮 ✛，选择"Rectangle006"模型，单击块模式按钮 ▣，将其左上角把手选红，按快捷键【Shift】沿 X 轴向左侧移动复制，在弹出的对话框中单击【OK】结束操作，如图 2-73 所示；单击对齐按钮 ▤，用拾取光标单击"Line002"，在弹出的对话框中勾选【X Position】，设置【Target Object】：Center，随后单击【OK】结束操作，如图 2-74 所示。

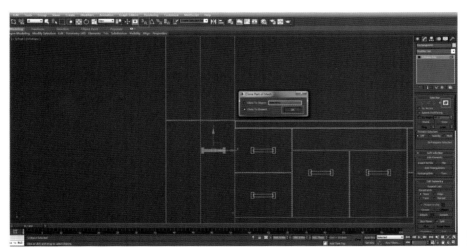

图 2-73

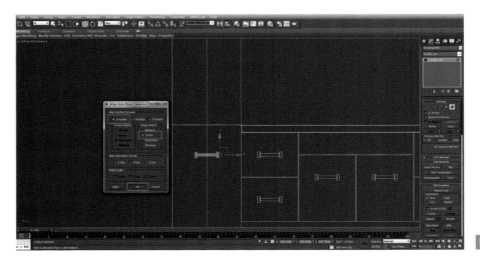

图 2-74

21. 还原 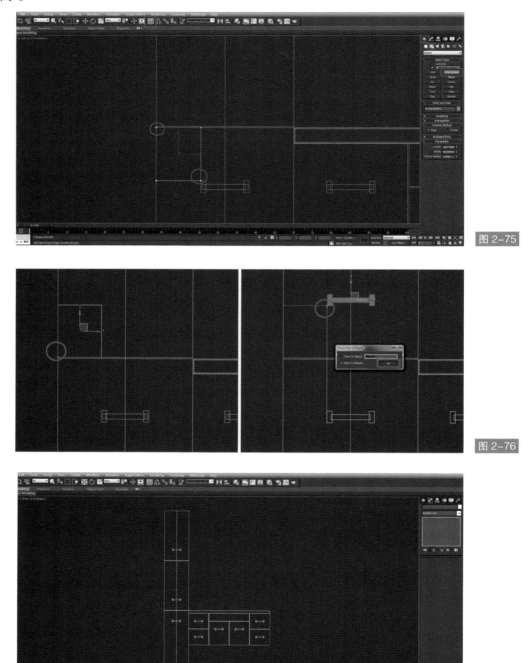，单击 ✱ 面板，单击二维线按钮 🔧，单击【Rectangle】，按视图中对顶角位置捕捉创建矩形"Rectangle008"，如图 2-75 所示；将"Rectangle008"捕捉移动到视图所示位置，再次选择"Rectangle006"，单击块模式按钮 🔲，框选"Rectangle008"下把手按住【Shift】沿 Y 轴移动复制并单击【OK】结束操作，如图 2-76 所示；用相同方法复制创建该柜体上方把手，并选择"Rectangle008"按快捷键【Delete】删除，如图 2-77 所示。

图 2-75

图 2-76

图 2-77

22. 单击 ✱ 面板，单击二维线按钮 🔧，单击【Rectangle】，如视图中对顶角位置捕捉创建矩形，如图 2-78 所示；单击右键在快捷菜单【Convert To】下单击【Convert to Editable Spline】，单击点模式按钮 █，框选该矩形下底边两个顶点，在移动按钮 ✛ 上单击右键，弹出对话框，在【Offset：Screen】下输入

Y：535，如图 2-79 所示；关闭对话框，切换 Left 视图，单击██面板，在其下拉菜单单击【Extrude】，在【Parameters】输入【Amount】：10，单击对齐按钮██，用拾取光标单击"Line002"，在弹出的对话框中勾选【X Position】，设置【Current Object】：Maximum，【Target Object】：Maximum，随后单击【OK】结束操作，如图 2-80 所示。

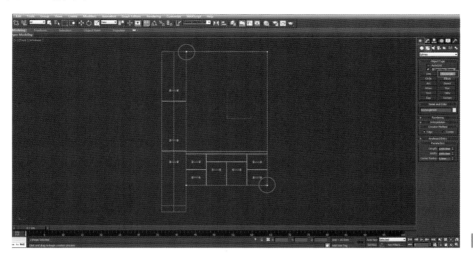

图 2-78

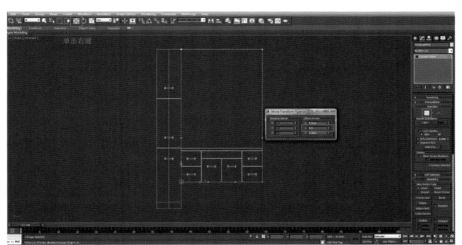

图 2-79

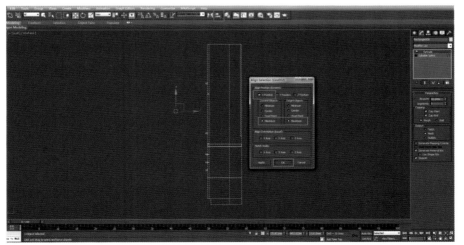

图 2-80

23. 切换 Perspective 视图，全选模型，在菜单栏单击【Group】，在下拉菜单中单击【Group】，在弹出的对话框中输入【Group name】：柜体，单击【OK】结束操作，如图 2-81 所示；切换 Top 视图，鼠标右键单击【Unhide All】，将柜体捕捉移动到如图 2-82 所示位置；切换 Perspective 视图，单击对齐按钮 ，用拾取光标单击"移门"，在弹出的对话框中勾选【Z Position】，设置【Current Object】：Maximum，【Target Object】：Maximum，随后单击【OK】结束操作，如图 2-83 所示。

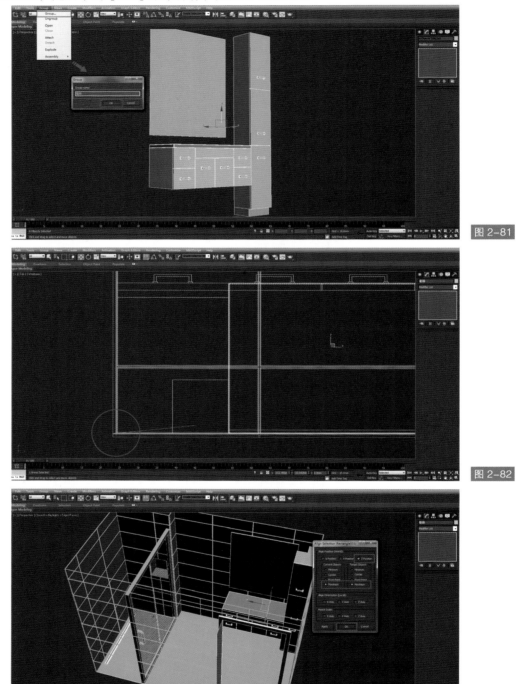

图 2-81

图 2-82

图 2-83

2.2 主要高模卫具的创建

2.2.1 台盆高模设计制作

1. 全选物体，单击鼠标右键选择【Hide Selection】，单击 面板，单击实体按钮 ，在其下拉菜单选择【Standard Primitives】，单击【Plane】，在【Parameters】下中输入【Length】：420，【Width】：

500，如图 2-84 所示；单击右键在快捷菜单【Convert To】下单击【Convert to Editable Poly】，单击面模式按钮 ▣，选红视图中的面在【Edit Polygon】下单击【Extrude】后按钮 ▣，在弹出的对话框中输入【Extrude Polygons Height】：−110，勾选绿色勾结束操作，如图 2-85 所示。

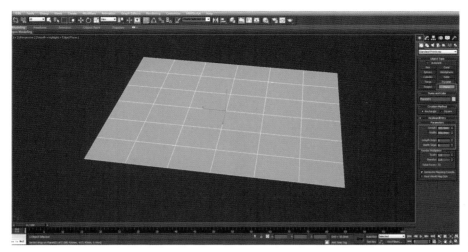

图 2-84

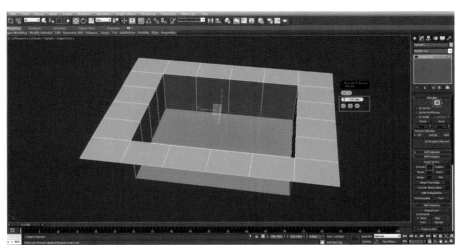

图 2-85

2. 单击点模式按钮 ▣，单击缩放按钮 ▣，如视图中所示选择区域先后将该部分顶点沿 X 轴拉伸，再单击移动按钮 ✛，沿 Y 轴向下移动，如图 2-86 所示；关闭捕捉按钮 ▣，单击边线模式按钮 ▣，在【Edit Edges】下【Connect】后的按钮 ▣，在弹出的对话框中输入【Connect Edges-Segment】：2，勾选绿色勾结束操作，如图 2-87 所示；单击点模式按钮 ▣，单击缩放按钮 ▣，将底部向上三条线圈上的顶点依次缩小形成一定坡度，之后单击移动按钮 ✛，如视图中所标注的顶点进行适当移动，如图 2-88 所示。

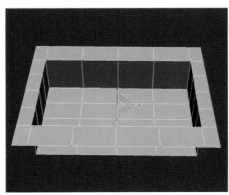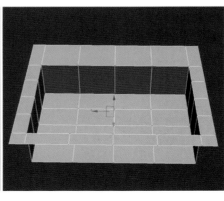

图 2-86

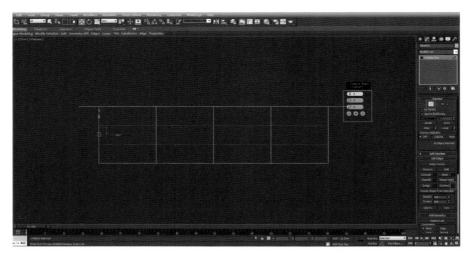

图 2-87

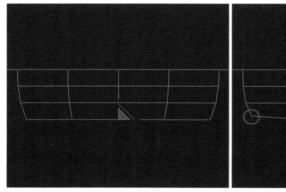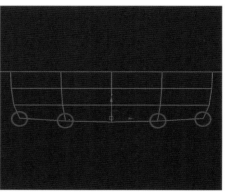

图 2-88

3. 切换 Top 视图，按快捷键【F3】实体模式，选择中心顶点在【Edit Vertices】下单击【Chamfer】后的 ■，在弹出的对话框中输入【Chafmer-Vertex Chafmer Amount】：30，勾选绿色勾结束操作，如图 2-89 所示；单击捕捉按钮 ，在【Edit Geometry】下单击【Cut】，如图 2-90 所示给各顶点间加线，之后关闭【Cut】；单击面模式按钮 ■，选红中心八片单面按快捷键【Delete】将其删除，单击点模式按钮 ，单击缩放按钮 ，将视图中的顶点沿 X 轴、Y 轴分别拉伸，尽可能将其轮廓调整到接近圆形，如图 2-91 所示。

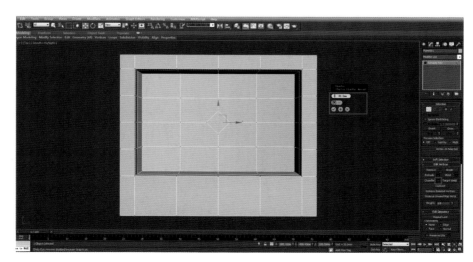

图 2-89

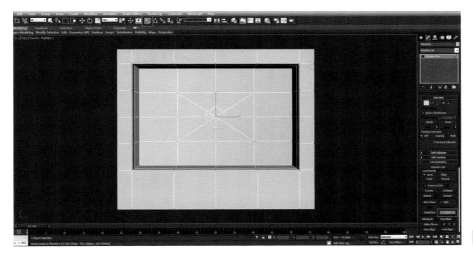

图 2-90

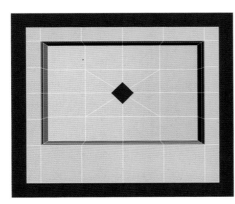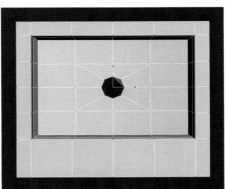

图 2-91

4.按快捷键【F3】还原显示，切换 Perspective 视图，关闭捕捉按钮 ，单击线圈模式按钮 ，单击移动按钮 ，将中心线圈选红并按住快捷键【Shift】沿 Z 轴向下移动，如图 2-92 所示；单击边线模式按钮 ，如视图所示区域任选一条线段，在【Selection】下单击【Loop】，即可以将延续一圈的线段选中，如图 2-93 所示；在【Edit Edges】下单击【Chamfer】后的 ，在弹出的对话框中输入【Chamfer-Edge Chamfer Amount】：2，勾选绿色勾结束操作，如图 2-94 所示。

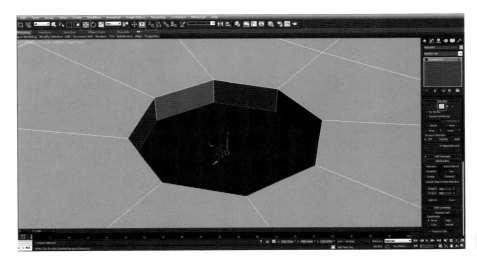

图 2-92

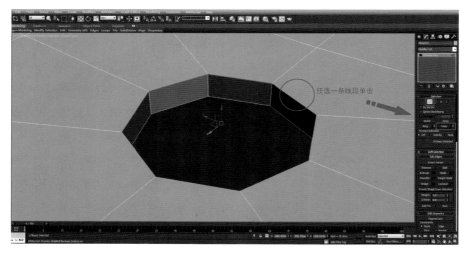

图 2-93

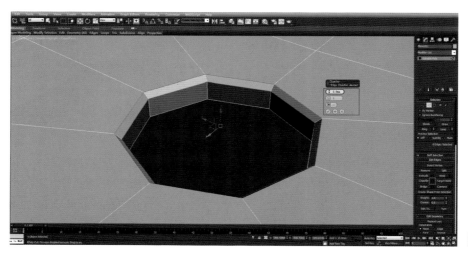

图 2-94

5. 选红台盆入水口边缘线，在【Edit Edges】下单击【Chamfer】后的 ■，在弹出的对话框中输入【Chamfer-Edge Chamfer Amount】：2，勾选绿色勾结束操作，如图 2-95 所示；近距离台盆口转角处，发现经过倒角处理后模型生成了三角面，选择该视图中三角面的顶部线段，在【Edit Geometry】下单击【Collapse】可将其塌陷合并，如图 2-96 所示；观察视图发现塌陷后转折较自然，用此方法将其他三处拐角依次塌陷，如图 2-97 所示。

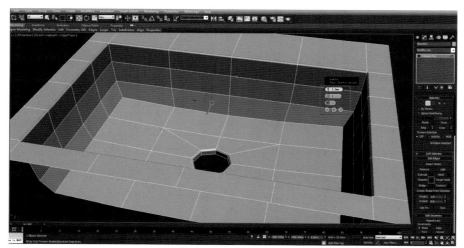

图 2-95

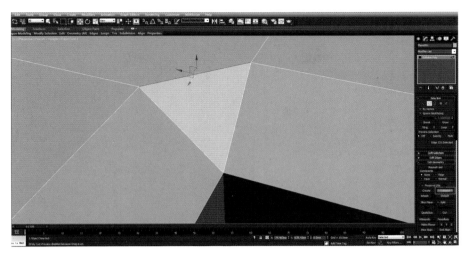

图 2-96

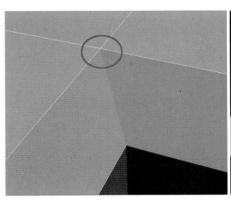 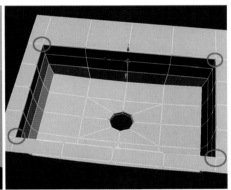

图 2-97

6. 单击点模式按钮 ，选择视图中该区域顶点，在【Edit Vertices】下单击【Chamfer】后的 ■，在弹出的对话框中输入【Chamfer-Vertex Chamfer Amount】：16，勾选绿色勾结束操作，如图 2-98 所示；参考第 3、第 4 步过程，如图 2-99 所示，在之前创建倒角区域创建调整出水口造型；单击线圈模式按钮 ，选红台盆顶部外轮廓线圈按住【Shift】沿 Z 轴向下移动复制单面，移动到高度超过下水管的位置即可在【Edit Borders】下单击【Cap】，单击点模式按钮 ，单击捕捉按钮 ，在【Edit Geometry】下单击【Cut】，将底部顶点之间加线，如图 2-100 所示。

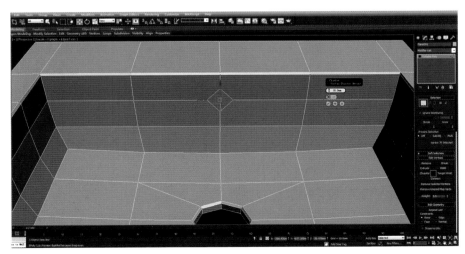

图 2-98

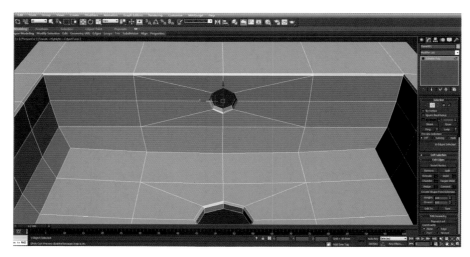

图 2-99

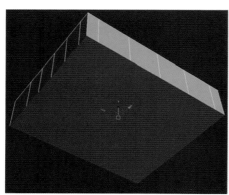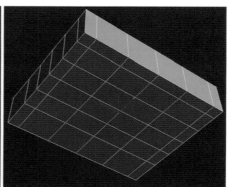

图 2-100

7. 切换 Top 视图，单击边线模式按钮 ，将水池底部轮廓选红，在【Edit Edges】下单击【Chamfer】后，在弹出的对话框中输入【Chamfer-Edge Chamfer Amount】：4，勾选绿色勾结束操作，如图 2-101 所示；切换 Perspective 视图，同时选择顶部与底部外轮廓，在【Edit Edges】下单击【Chamfer】后的 ■，在弹出的对话框中输入【Chamfer-Edge Chamfer Amount】：2，勾选绿色勾结束操作，如图 2-102 所示；关闭边线模式按钮 ，在【Subdivision Surface】下勾选【Use NURMS Subdivision】，设置【Display】下【Iterations】：2，即使用二级网格化细分，如图 2-103 所示。

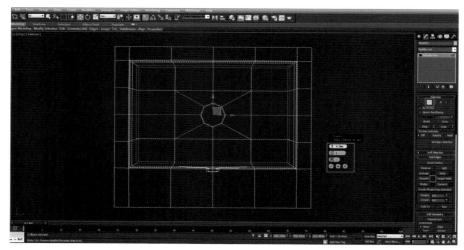

图 2-101

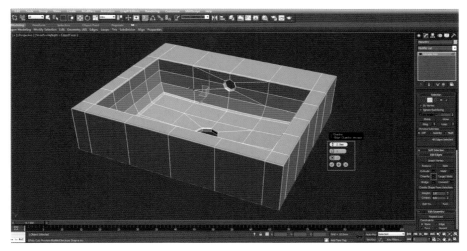

图 2-102

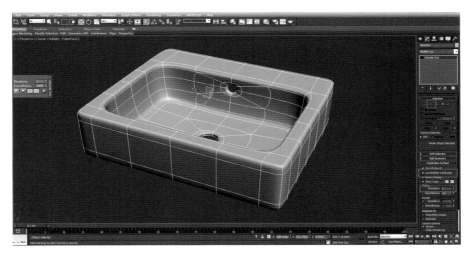

图 2-103

8. 切换 Top 视图，单击 面板，单击二维线按钮 ，单击【Circle】，创建圆形，在【Parameters】中输入【Radius】：27，如图 2-104 所示；切换 Perspective 视图，关闭捕捉按钮 ，将其放至视图位置，单击右键在快捷菜单【Convert To】下单击【Convert to Editable Poly】，单击面模式按钮 ，选红"Circle001"在【Edit Polygons】下单击【Inset】后 ，在弹出的对话框中输入【Inset-Amount】：13，之后勾选绿色勾结束操作，如图 2-105 所示；在【Edit Polygons】下单击【Extrude】后 ，在弹出的对话框中输入【Extrude Polygons Height】：5，勾选绿色勾结束操作，如图 2-106 所示。

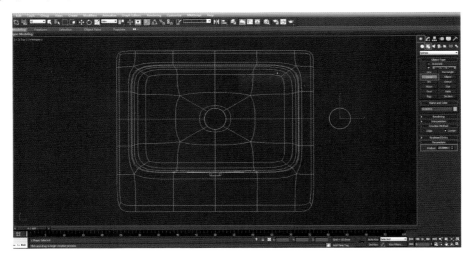

图 2-104

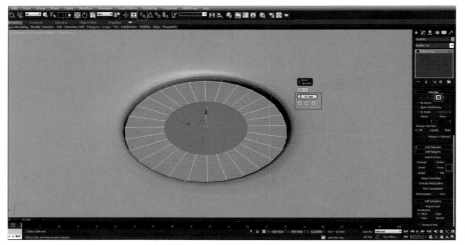

图 2-105

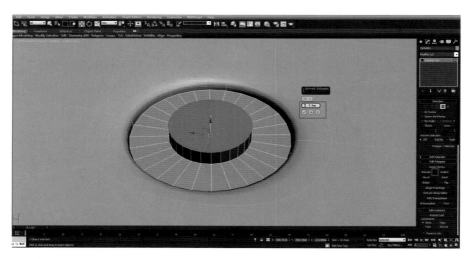

图 2-106

9. 按快捷键【Delete】删除红面，开始制作按钮，单击线圈模式按钮 ◉，单击缩放按钮 ▣，单击顶部线圈，按快捷键【Shift】将其适当放大并复制单面，单击移动按钮 ✛，再次按住【Shift】将其沿 Z 轴适当向上移动复制单面后在【Edit Borders】下单击【Cap】，如图 2-107 所示；单击边线模式按钮 ◢，将按钮上下外轮廓同时选择并在【Edit Edges】下单击【Chamfer】后的 ■，在弹出的对话框中输入【Chamer-Edge Chamer Amount】：0.6，勾选绿色勾结束操作，如图 2-108 所示。

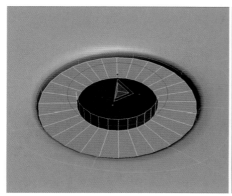
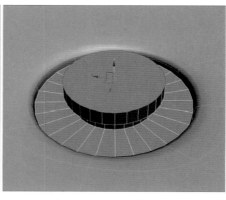

图 2-107

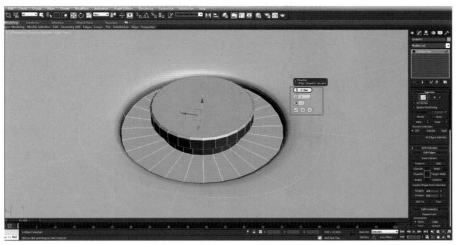

图 2-108

10. 切换 Front 视图，单击 面板，单击二维线按钮 ，单击【Circle】，如视图位置创建圆形，在【Parameters】中输入【Radius】：15，如图 2-109 所示；切换 Perspective 视图，将其放至视图位置，单击旋转按钮 ，将其旋转与洞口基本平行并单击右键在快捷菜单【Convert To】下单击【Convert to Editable Spline】，单击样条线模式按钮 ，在【Geometry】下输入【Outline】：8，如图 2-110 所示。

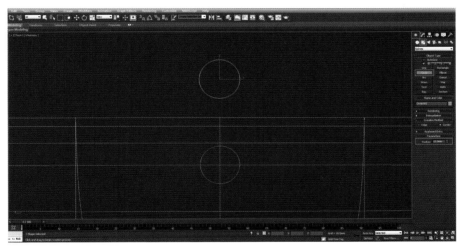

图 2-109

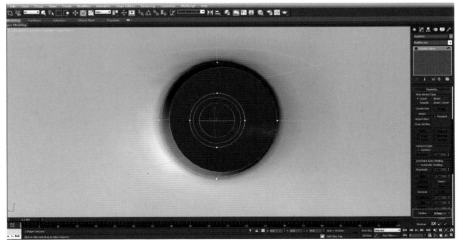

图 2-110

11. 在 面板下拉菜单单击【Extrude】，并在【Parameters】下输入【Amount】：9，如图 2-111 所示；单击右键在快捷菜单【Convert To】下单击【Convert to Editable Poly】，单击边线模式按钮 ，选择圆环正面内外轮廓，在【Edit Edges】下单击【Chamfer】后的 ，在弹出的对话框中输入【Chamfer-Edge Chamfer

Amount】：0.6，勾选绿色勾结束操作，如图 2-112 所示。

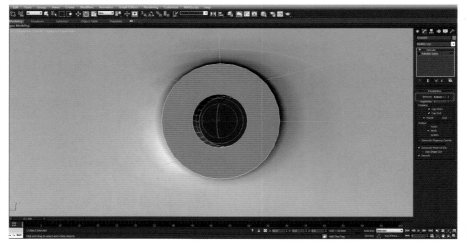

图 2-111

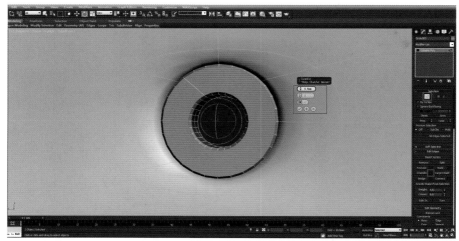

图 2-112

2.2.2 水龙头高模设计制作

1. 单击 面板，单击实体按钮 ，单击【Cylinder】，在【Parameters】下输入【Radius】：22，【Height】：110，【Height Segments】：5，【Sides】：8，如图 2-113 所展示；单击右键在快捷菜单【Convert To】下单击【Convert to Editable Poly】，单击面模式按钮 ，全选面片，在【Polygon：Smoothing Groups】下单击【Clear All】，如图 2-114 所示；切换 Front 视图，单击点模式按钮 ，单击缩放按钮将第二至第四排顶点框选，沿 Y 轴缩小，再单击移动按钮 ，将其向上移动如图 2-115 所示。

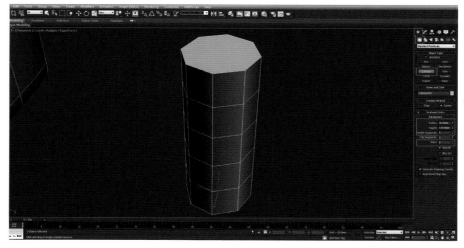

图 2-113

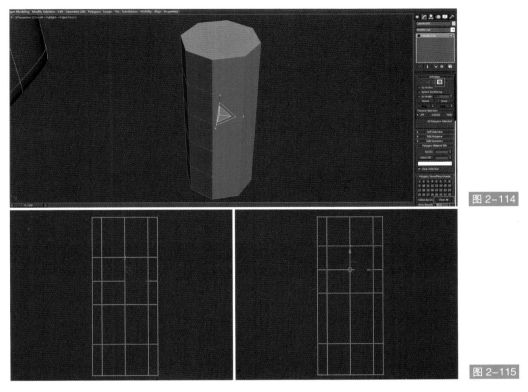

图 2-114

图 2-115

2. 切换 Perspective 视图，单击第二至第四排顶点中心，单击【Chamfer】后的■，在弹出的对话框中输入【Chamfer-Vertex Chamfer Amount】：15，勾选绿色勾结束操作，如图 2-116 所示；单击捕捉按钮 ³ᖫ，在【Edit Geometry】下单击【Cut】，给各顶点间加线并关闭【Cut】；单击面模式按钮 ■，将中间八片单面按【Delete】删除，单击点模式按钮 ■，单击缩放按钮 ■，将视图中的顶点沿 X 轴、Z 轴分别拉伸圆滑，如图 2-117 所示。

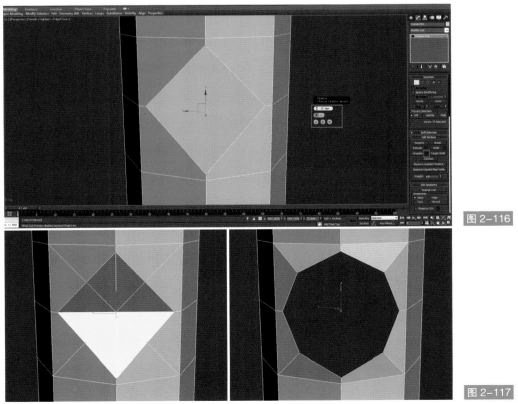

图 2-116

图 2-117

3. 单击线圈模式按钮 ⬡ 与移动按钮 ✥，关闭捕捉按钮 ³ₙ，按住【Shift】复制单面并移动至视图位置，在【Edit Geometry】下单击【Slice Plane】，单击旋转按钮 ↻，如图 2-118 旋转切片；切换 Left 视图，将其移至视图位置单击【Slice】后关闭【Slice Plane】，将切片左侧线圈按【Delete】删除，单击缩放按钮 ⧉，将其适当缩小并形成水管初步造型，如图 2-119 所示。

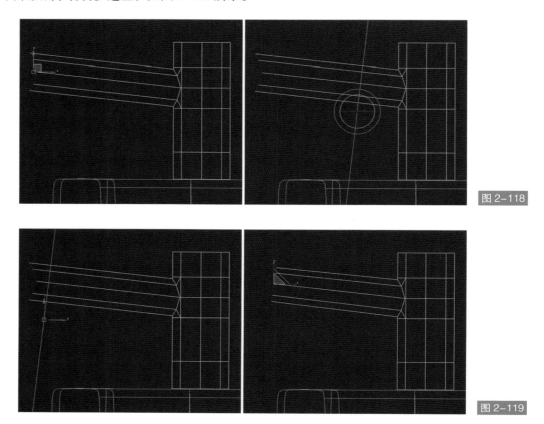

图 2-118

图 2-119

4. 切换 Perspective 视图，框选水管所有线段，在【Edit Edges】下单击【Connect】后 ▣，在弹出的对话框中输入【Connect Edges-Segment】：3，【Connect Edges-Pinch】：-57，【Connect Edges-Slide】：287，勾选绿色勾结束操作，如图 2-120 所示；单击点模式按钮 ▦，在【Edit Edges】下单击【Chamfer】后的 ▣，在弹出的对话框中输入【Chamfer-Vertex Chamfer Amount】：10，勾选绿色勾结束操作，如图 2-121 所示；参考第 2、第 3 步过程，在之前创建倒角区域创建并调整洞口造型，并且移动复制出单面并利用切片切割，如图 2-122 所示。

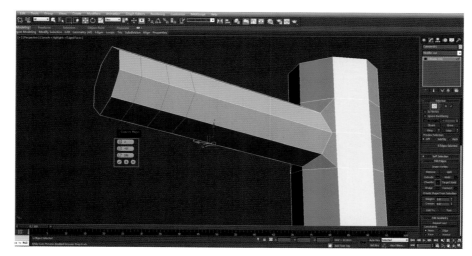

图 2-120

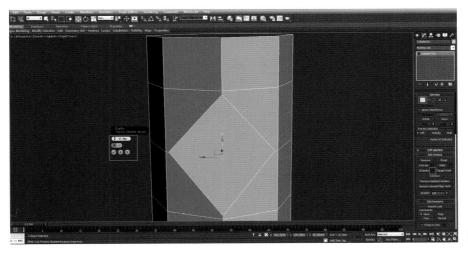

图 2-121

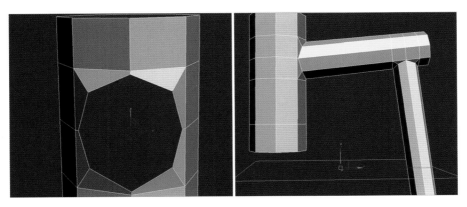

图 2-122

注意：此次复制移动单面尽可能将其移动复制距离超出龙头 Z 轴最小坐标点，这样在执行切片切割时不会切到其他部位。

5. 切换 Left 视图，将切片以外线圈按【Delete】删除，将边缘线圈移至视图位置，单击旋转按钮 ，如图 2-123 所示适当进行旋转；切换 Perspective 视图，单击缩放按钮 ，按住【Shift】将该线圈缩小并复制单面，切换 Left 视图，单击移动按钮 ，将其移动至如图 2-124 所示位置。

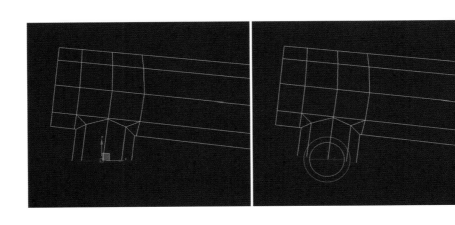

图 2-123

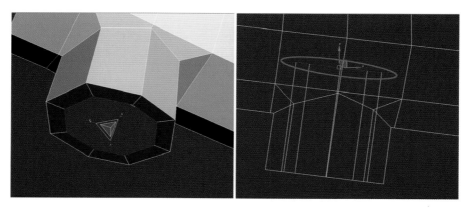

图 2-124

6. 按快捷键【F3】，切换 Perspective 视图，按快捷键【F3】，同时旋转出水口内外轮廓与水管衔接轮廓，在【Edit Edges】下单击【Chamfer】后的 ■，在弹出的对话框中输入【Chamfer-Vertex Chafmer Amount】：0.3，勾选绿色勾结束操作，如图 2-125 所示；按【F3】还原，单击线圈模式按钮 ■，选红水管洞口线圈在【Edit Border】下单击【Cap】，单击捕捉按钮 ■，在【Edit Geometry】单击【Cut】，如图 2-126 所示加线，之后关闭【Cut】；按快捷键【F3】，选红水管水管两头轮廓，在【Edit Edges】下单击【Chamfer】后的 ■，在弹出的对话框中输入【Chamfer-Vertex Chamfer Amount】：1，之后勾选绿色勾结束操作，如图 2-127 所示。

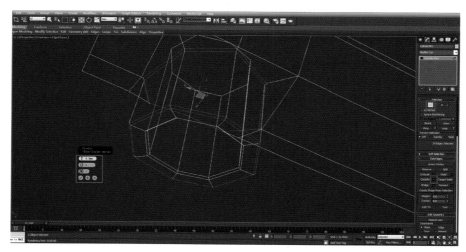

图 2-125

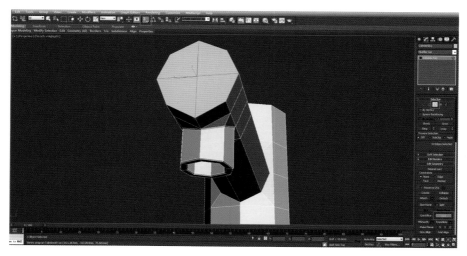

图 2-126

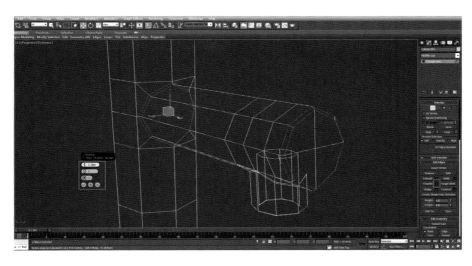

图 2-127

7. 按【F3】还原，单击捕捉按钮 ，将龙头底部向上第二排线段框选适当向上移动，之后框选水管部位一圈线段，在【Edit Edges】下单击【Connect】后 ，在弹出的对话框中输入【Connect Edges-Segment】：1，【Connect Edges-Pinch】：0，【Connect Edges-Slide】：0，勾选绿色勾结束操作，如图 2-128 所示；单击面模式按钮 ，选红龙头顶部面在【Edit Polygons】下单击【Inset】后 ，在弹出的对话框中输入【Inset-Amount】：2，之后勾选绿色勾结束操作，如图 2-129 所示；在【Edit Polygons】下单击【Extrude】后 ，在弹出的对话框中输入【Extrude Polygons Height】：2，勾选绿色勾结束操作，如图 2-130 所示。

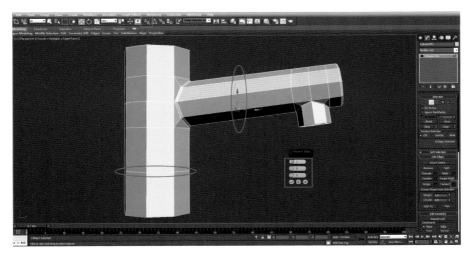

图 2-128

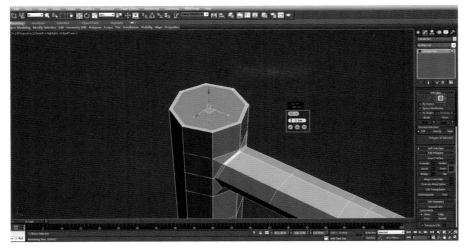

图 2-129

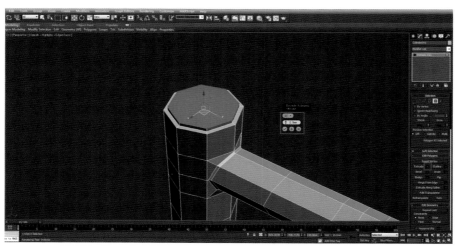

图 2-130

8. 在【Edit Polygons】下单击【Extrude】后 ■，在弹出的对话框中输入【Extrude Polygons Height】：25，勾选绿色勾结束操作，如图 2-131 所示；框选顶部侧面一圈的面，在【Edit Polygons】下单击【Extrude】后 ■，弹出对话框，在其下拉菜单中选择【Local Normal】并输入【Extrude Polygons Height】：2，勾选绿色勾结束操作，如图 2-132 所示。

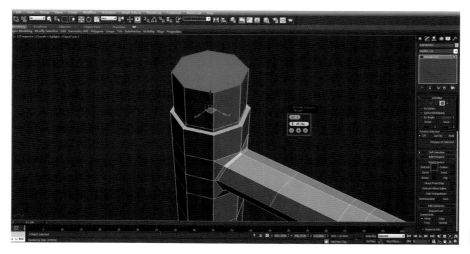

图 2-131

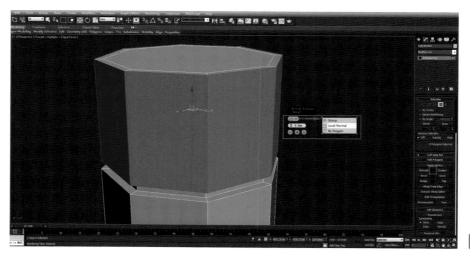

图 2-132

9. 选择顶部中间的面，在【Selection】下单击【Grow】，顶面全选，如图 2-133 所示；按快捷键【Delete】

将红面删除，单击线圈模式按钮 ，选红顶部线圈在【Edit Borders】下单击【Cap】，之后单击捕捉按钮 ，在【Edit Geometry】单击【Cut】，如图 2-134 所示加线，之后关闭【Cut】。

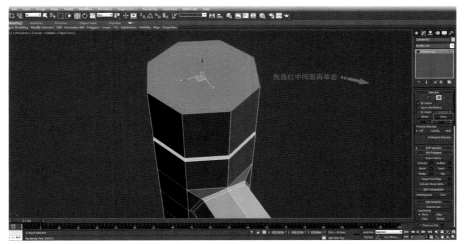

图 2-133

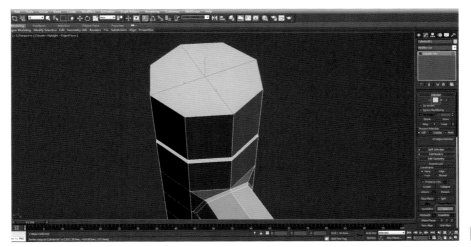

图 2-134

10.按快捷键【F3】线框显示，单击边线模式按钮 ，选红视图中的四圈线圈后再次按【F3】还原线面显示，在【Edit Edges】下单击【Chamfer】后的 ，在弹出的对话框中输入【Chamfer-Vertex Chamfer Amount】：0.3，勾选绿色勾结束操作，如图 2-135 所示；框选顶部整圈竖向线段，在【Edit Edges】下单击【Connect】后 ，在弹出的对话框中输入【Connect Edges-Segment】：3，【Connect Edges-Pinch】：50，勾选绿色勾结束操作，如图 2-136 所示；单击点模式按钮 ，将顶部向下第三圈线圈的中心点选择，在【Edit Vertices】下单击【Chamfer】后的 ，在弹出的对话框中输入【Chamfer-Vertex Chamfer Amount】：5.5，之后勾选绿色勾结束操作，如图 2-137 所示。

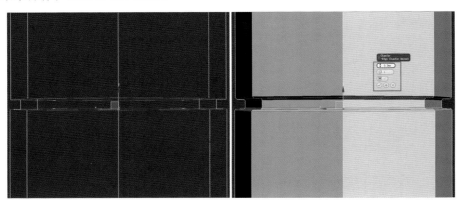

图 2-135

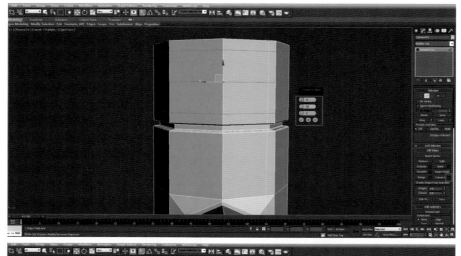

图 2-136

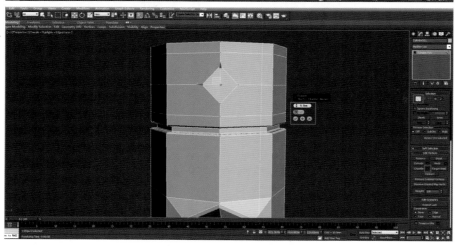

图 2-137

11. 参考第 4 步过程，将洞口部位尽可能调整圆滑，单击角度捕捉按钮 ▲，旋转切片 90°并移至图 2-138 位置进行切割，关闭角度捕捉按钮 ▲；参考第 5 步过程，将切片以外线圈删除并将边缘线圈移至视图位置，将洞口部位封口，利用捕捉工具如图 2-139 进行加线，完成把手的制作。

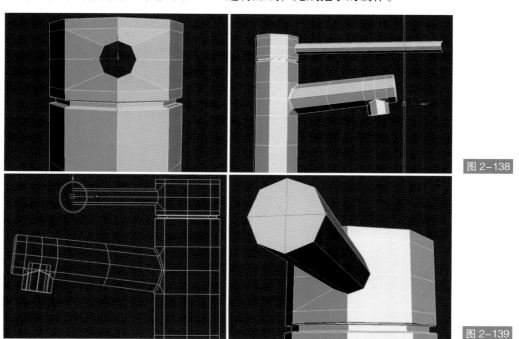

图 2-138

图 2-139

12. 按快捷键【F3】开启线框显示，单击边线模式按钮 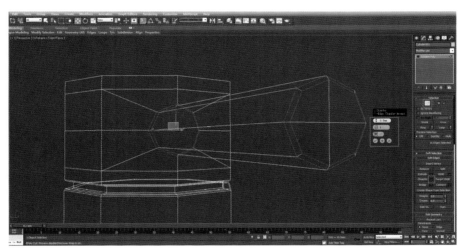，选择把手前后部位线段，在【Edit Edges】下单击【Chamfer】后的 ■，在弹出的对话框中输入【Chamfer-Vertex Chamfer Amount】：0.5，并勾选绿色勾结束操作，如图 2-140 所示；按快捷键【F3】还原线面显示，单击面模式按钮■，将龙头底部面按【Delete】删除，单击线圈模式按钮 ◯，单击缩放按钮 □，将底部线圈按住【Shift】放大并复制单面至视图大小，单击移动按钮 ✛，关闭捕捉按钮 ３ⁿ，将该线圈按住【Shift】沿 Z 轴向下复制单面，如图 2-141 所示；按快捷键【F3】显示线框显示，选择顶部一圈线段与底部向上第二、第三圈线段，在【Edit Edges】下单击【Chamfer】后的 ■，在弹出的对话框中输入【Chamfer-Vertex Chamfer Amount】：1，勾选绿色勾结束操作，如图 2-142 所示。

图 2-140

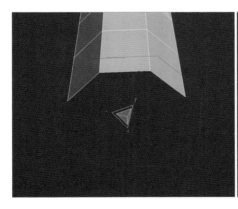
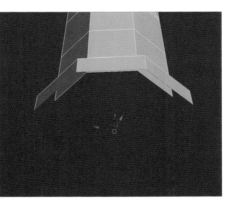

图 2-141

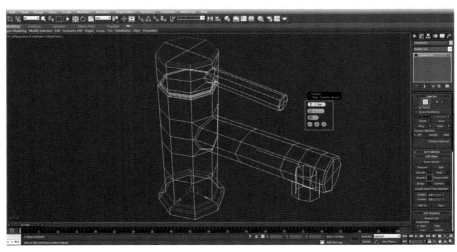

图 2-142

13. 按快捷键【F3】还原线面显示，关闭边线模式按钮 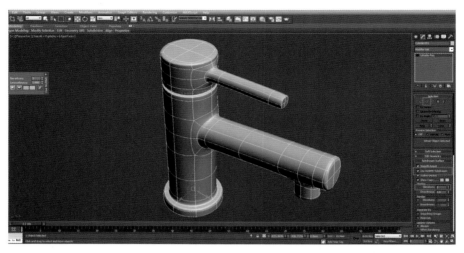，在【Subdivision Surface】下勾选【Use NURMS Subdivision】，设置【Display】下【Iterations】：2，即使用二级网格化细分，如图 2-143 所示；切换 Top 视图，单击对齐按钮 █，用拾取光标单击台盆，弹出对话框勾选【X Position】，设置【Current Object】：Center，【Target Object】：Center，随后单击【OK】结束操作，如图 2-144 所示；切换 Perspective 视图，将把手移动到视图位置，框选所有模型，在菜单栏单击【Group】，在下拉菜单中仍单击【Group】，弹出对话框输入【Group name】：洗手池，单击【OK】结束操作，如图 2-145 所示。

图 2-143

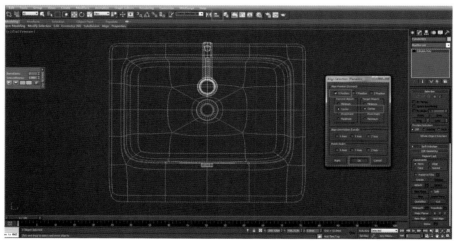

图 2-144

图 2-145

2.2.3 洗手池与柜体的衔接

1. 切换 Top 视图，鼠标右键单击【Unhide All】，在选择"洗手池"的同时选择"柜体"，再次鼠标右键单击【Hide Unselected】，之后仅选择"洗手池"，单击对齐按钮■，用拾取光标仅单击"柜体"组合中的镜面，在弹出的对话框中勾选【X Position】，设置【Current Object】：Center，【Target Object】：Center，单击【OK】结束操作，如图 2-146 所示；切换 Perspective 视图，将"洗手池"摆放至视图位置，发现与柜体衔接存在穿插问题，因此后继需要对柜体进行相应调整，选择"柜体"在菜单栏单击【Group】，在下拉菜单中单击【Open】，这样可以将该组中的模型临时编辑，如图 2-147 所示。

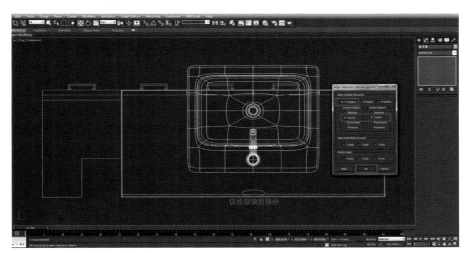

图 2-146

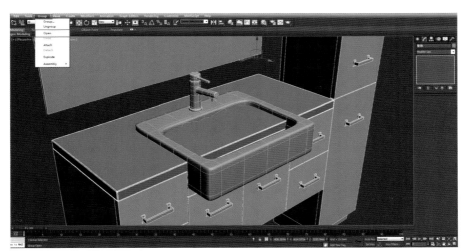

图 2-147

2. 选择"ChamferBox001"与"洗手池"模型，鼠标右键单击【Hide Unselected】，再次单独选择"ChamferBox001"，单击边线模式按钮■，框选该模型所有长边线段，在【Edit Edges】下单击【Connect】后■，弹的对话框输入【Connect Edges-Segment】：2，【Connect Edges-Pinch】：25，勾选绿色勾结束操作，如图 2-148 所示；按快捷键【F3】开启线框显示，仅选择"ChamferBox001"刚生成两条正面连接线段，在【Edit Edges】下单击【Connect】后■，弹出对话框输入【Connect Edges-Segment】：1，【Connect Edges-Slide】：-25，勾选绿色勾结束操作，按快捷键【F3】还原线面显示，单击面模式按钮■，框选与"洗手池"穿插的面按快捷键【Delete】将其删除，如图 2-149 所示。

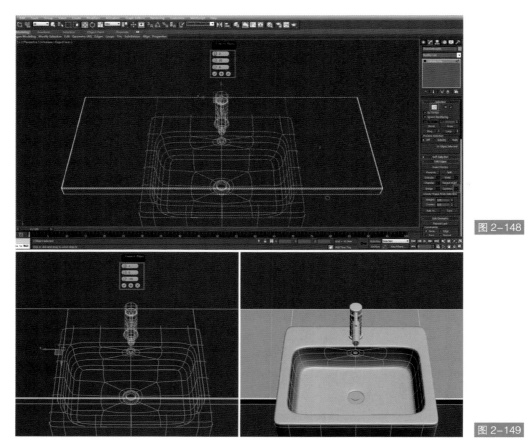

图 2-148

图 2-149

3. 鼠标右键单击【Unhide All】，选择"洗手池"与"Box001"再次鼠标右键单击【Hide Unselected】，单击面模式按钮 ■，将视图中的面选红，并沿 Z 轴向下移动至不与水池存在面与面穿插即可，如图 2-150 所示；参考第 2 步过程，在"Box001"生成视图中所标注的连接线，并将与水池形成穿插的面选择并删除，之后显示被隐藏的所有模型，如图 2-151 所示；关闭面模式按钮 ■，在下拉菜单中单击【Close】，结束之前该组合的暂时编辑状态，如图 2-152 所示。

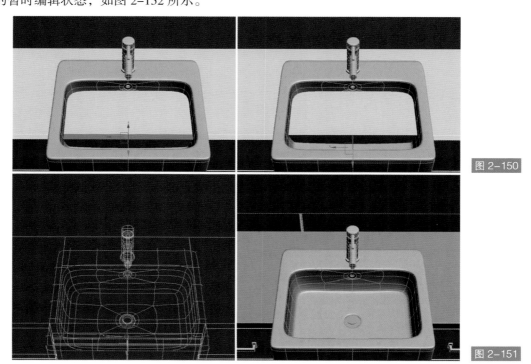

图 2-150

图 2-151

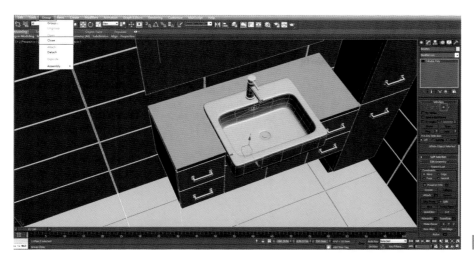

图 2-152

2.2.4 坐便器高模设计制作

1. 全选物体,单击鼠标右键选择单击【Hide Selection】,单击 ▦ 面板,单击实体按钮 ⬤,单击【Box】,在【Parameters】下中输入【Length】:690,【Width】:370,【Height】:410,【Length Segs】:5,【Width Segs】:4,【Height Segs】:3,如图 2-153 所示;切换 Top 视图,单击右键在快捷菜单【Convert To】下单击【Convert to Editable Poly】,单击点模式按钮 ▦,单击缩放按钮 ▦,对从上向下前两排顶点沿 X 轴适当缩小,再单击移动按钮 ✛,将第一排部分顶点沿 Y 轴向上移动,如图 2-154 所示。

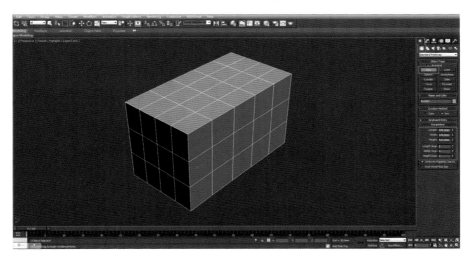

图 2-153

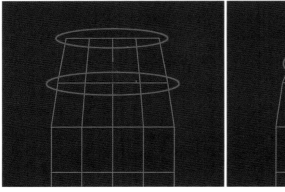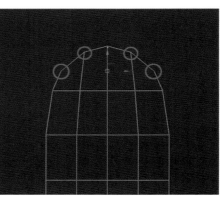

图 2-154

2. 切换 Front 视图，单击缩放按钮 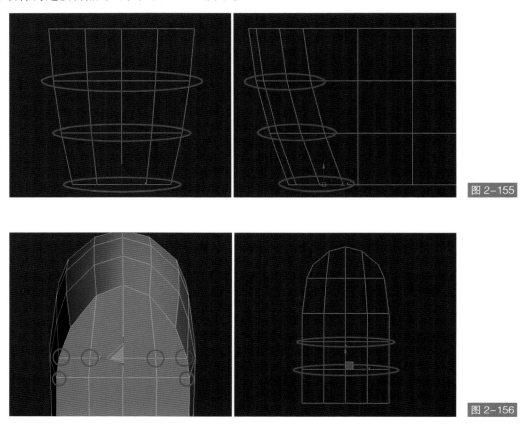，将二至四排顶点沿 X 轴进行适当缩小，再切换 Left 视图，单击移动按钮 ，对各排局部顶点沿 X 轴适当移动，处理转折自然即可，如图 2-155 所示；切换 Perspective 视图，单击缩放按钮 ，将底部衔接不自然的顶点适当沿 X 轴对称放大，切换 Top 视图，将下面两排顶点适当沿 Y 轴向上移动保持过渡自然即可，如图 2-156 所示。

图 2-155

图 2-156

3. 单击面模式按钮 ，选顶部除最后排以外所有单面，在【Edit Polygons】下单击【Inset】后 ，在弹出的对话框中输入【Inset-Amount】：10，勾选绿色勾结束操作，如图 2-157 所示；在【Edit Polygons】下单击【Extrude】后 ，在弹出的对话框中输入【Extrude Polygons Height】：10，勾选绿色勾结束操作，如图 2-158 所示；再次在【Edit Polygons】下单击【Extrude】后 ，在弹出的对话框中输入【Extrude Polygons Height】：40，勾选绿色勾结束操作，如图 2-159 所示。

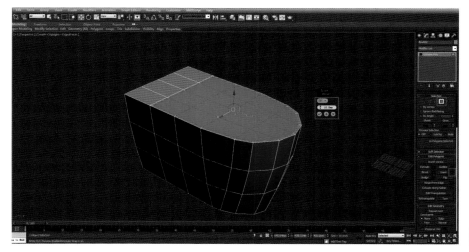

图 2-157

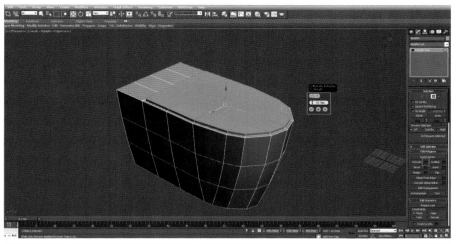

图 2-158

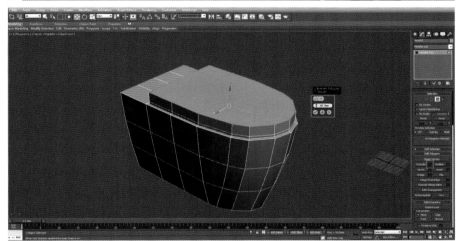

图 2-159

4. 框选顶部侧面所有面，在【Edit Polygons】下单击【Extrude】后 ■，弹出对话输入【Extrude Polygons Height】：10，勾选绿色勾结束操作，如图 2-160 所示完成翻盖造型；单击边线模式按钮 ◢，将翻盖顶部底部两圈阳角线段与一圈阴角线段选红，在【Edit Edges】下单击【Chamfer】后的 ■，弹出对话框输入【Chamfer-Vertex Chamfer Amount】：3，并勾选绿色勾结束操作，如图 2-161 所示；切换 Left 视图，单击点模式按钮，将翻盖左侧的顶点框选，在移动按钮 ✛ 上单击右键，弹出对话框，在【Offset：Screen】下输入 X：-70，切换 Perspective 视图，单击面模式按钮 ■，选择坐便器顶部最后三片单面，在【Edit Polygons】下分三次单击【Extrude】后 ■，每次弹出对话框均输入【Extrude Polygons Height】：110，勾选绿色勾结束操作，如图 2-162 所示。

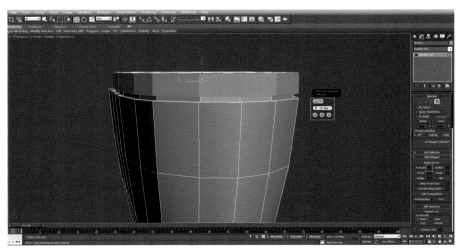

图 2-160

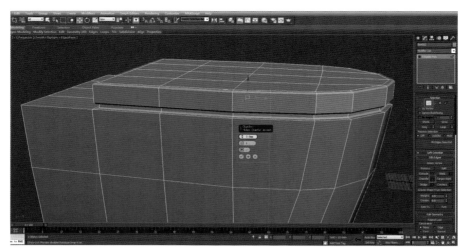

图 2-161

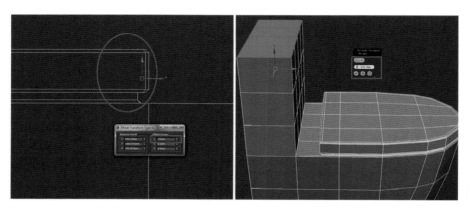

图 2-162

5. 单击面模式按钮 ▣，在【Edit Polygons】下单击【Inset】后 ▣，在弹出的对话框中输入【Inset-Amount】：5，之后勾选绿色勾结束操作，如图 2-163 所示；在【Edit Polygons】下单击【Extrude】后 ▣，在弹出的对话框中输入【Extrude Polygons Height】：5，勾选绿色勾结束操作，如图 2-164所示；再次在【Edit Polygons】下单击【Extrude】后 ▣，在弹出的对话框中输入【Extrude Polygons Height】：45，勾选绿色勾结束操作，如图 2-165 所示。

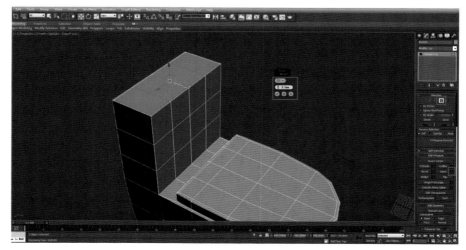

图 2-163

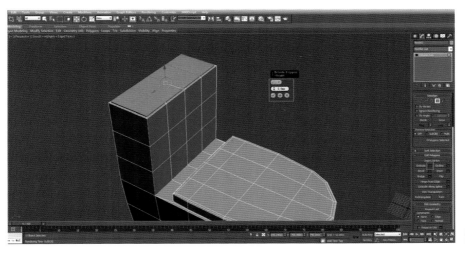

图 2-164

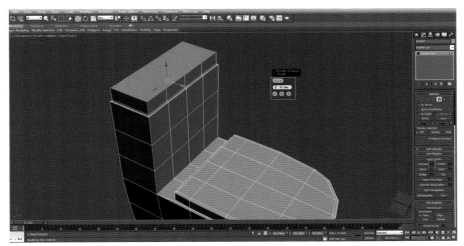

图 2-165

6. 框选顶部侧面所有面，在【Edit Polygons】下单击【Extrude】后 ，弹出对话输入【Extrude Polygons Height】：8，勾选绿色勾结束操作，如图 2-166 所示基本完成水箱盖造型；单击边线模式按钮 ，选择水箱缝隙中的四圈线段，在【Edit Edges】下单击【Chamfer】后的 ，在弹出的对话框中输入【Chamfer-Vertex Chamfer Amount】：1，并勾选绿色勾结束操作，如图 2-167 所示；选择水箱顶部一圈线段，在【Edit Edges】下单击【Chamfer】后的 ，在弹出的对话框中输入【Chamfer-Vertex Chamfer Amount】：3，并勾选绿色勾结束操作，如图 2-168 所示。

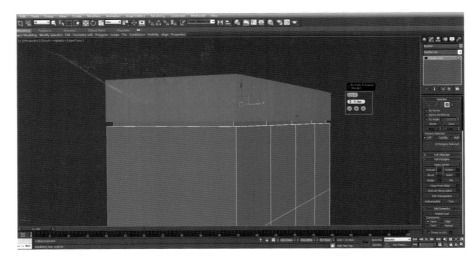

图 2-166

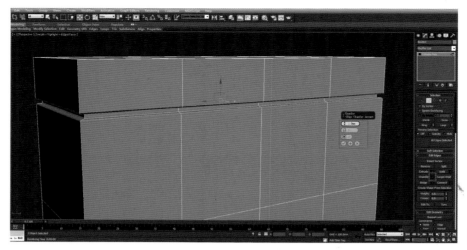

图 2-167

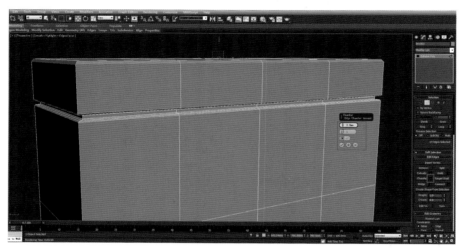

图 2-168

7. 选择坐便后端整圈横向线段，在【Edit Edges】下单击【Connect】后 ■，在弹出的对话框中输入【Connect Edges-Segment】：1，【Connect Edges-Slide】：0，勾选绿色勾结束操作，如图 2-169 所示；选择坐便器翻盖以下整圈竖向线段，在【Edit Edges】下单击【Connect】后 ■，在弹出的对话框中输入【Connect Edges-Segment】：1，【Connect Edges-Slide】：80，勾选绿色勾结束操作，如图 2-170 所示；选择水箱根部与坐便器下端两圈竖向线段，在【Edit Edges】下单击【Connect】后 ■，在弹出的对话框中输入【Connect Edges-Segment】：1，【Connect Edges-Slide】：-80，勾选绿色勾结束操作，如图 2-171 所示。

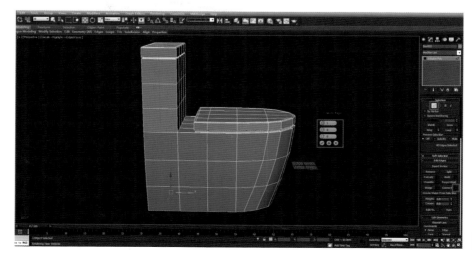

图 2-169

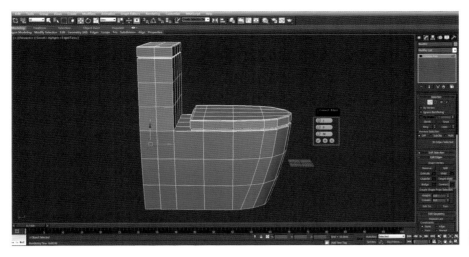

图 2-170

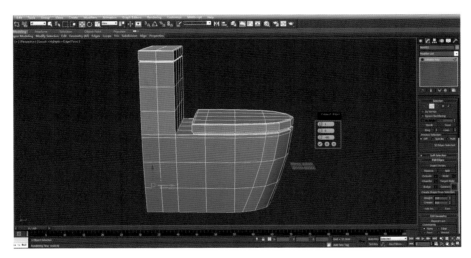

图 2-171

8. 参考 2.2.1 小节台盆出水口制作方法，在水箱顶部中心创建洞口，如图 2-172 所示；关闭边线模式按钮，在【Subdivision Surface】下勾选【Use NURMS Subdivision】，设置【Display】下【Iterations】: 2，即使用二级网格化细分，如图 2-173 所示；参考台盆出水洞口按钮的制作方法，制作水箱按钮，如图 2-174 所示。

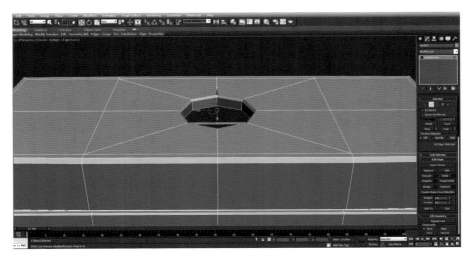

图 2-172

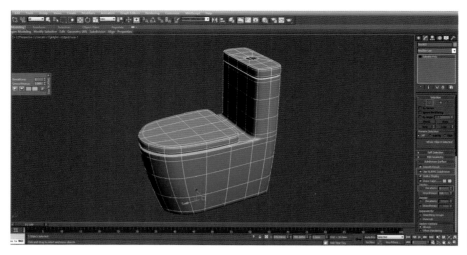

图 2-173

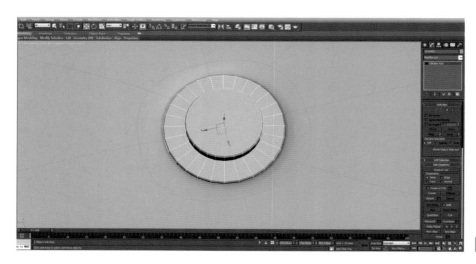

图 2-174

9. 全选模型，在菜单栏单击【Group】，在下拉菜单中仍单击【Group】，并在弹出的对话框中输入【Group name】：坐便器，单击【OK】结束操作，如图 2-175 所示；单击鼠标右键单击【Unhide All】，单击对齐按钮 ，用拾取光标单击"柜体"最高的部分，在弹出的对话框中勾选【Z Position】，设置【Current Object】：Minimum，【Target Object】：Minimum，随后单击【OK】结束操作，如图 2-176 所示。

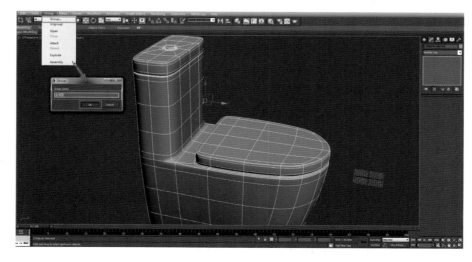

图 2-175

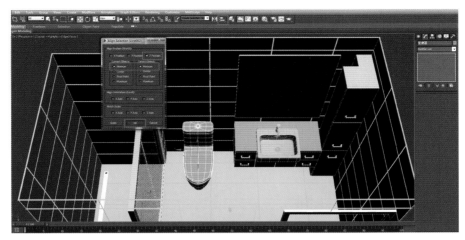

图 2-176

2.3 利用素材库完善模型细节

1. 场景模型创建到以上状态，基本完成主要全模制作，下面可以利用导入素材库的一些小装饰丰富场景各局部细节，这里需要读者理解场景中的主体家具模型还是需要独立完成的，这样可以避免过度依赖素材库而限制自身的设计思维，然而对于场景中小尺度的模型可以使用素材库快速完善细节并提高效率。单击 ，在其下拉菜单单击【Import】下【Merge】，之后找到存放素材的路径，双击素材文件，在弹出的对话框中单击命名为"浴霸"的素材模型，单击【OK】结束操作，如图 2-177 所示；切换四视图，通过 Top 视图调整位置，在 Perspective 视图调整摆放高度，并将其放置如图 2-178 所示位置；利用相同方法根据自身设计需要还可导入其他素材，将 Perspective 视图最大化，通过观察发现完成"淋浴喷头"、"厕纸"、"毛巾"、"洗漱用具"等是丰富细节必不可少的元素，如图 2-179 所示。

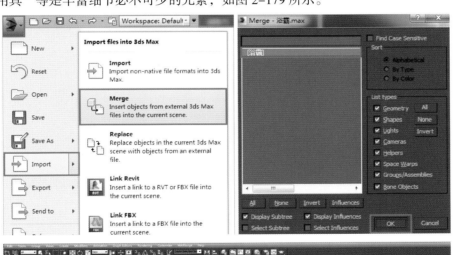

图 2-177

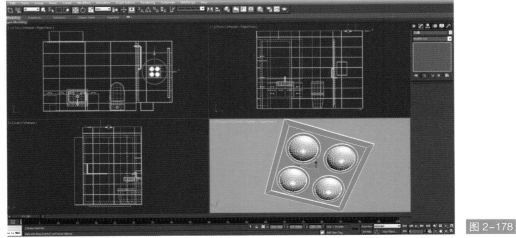

图 2-178

图 2-179

注意：导入的模型有时会离场景中心坐标轴较远，这里需要读者在 Top 视图中耐心寻找并将其合理摆放；另外大多情况下模型库导入的部分家具模型面片数量会较多，可以通过前面所学的线段塌陷技术减少模型段数，或删除一些常规视角无法看到的面片从而进行模型合理优化，达到计算机低资源消耗的目的。

2. 利用全局光照技术渲染的卫生间白模透视与细部效果如图 2-180、图 2-181 所示。

图 2-180

图 2-181

小结：回顾本章教学内容基本围绕卫生间卫具模型进行相应创建，在不同的卫具模型创建过程中，既有简模造型也有高模造型。换言之，设计者是根据设计的主次关系去选择不同数量的面片从而进行设计表达，因此在总体面片控制上需要做的合理分配，这样在体现一定场景精度效果的同时又能够较好的优化空间场景。作为初学者而言，在阅读完本章后应尝试运用所学的相关命令去练习更多高模造型，并且应理顺命令间的逻辑关系，能够以较少的命令搭配完成较多的造型效果，以此达到训练目的。

THIRD
CHAPTER

Design for Virtual Environment

第三章

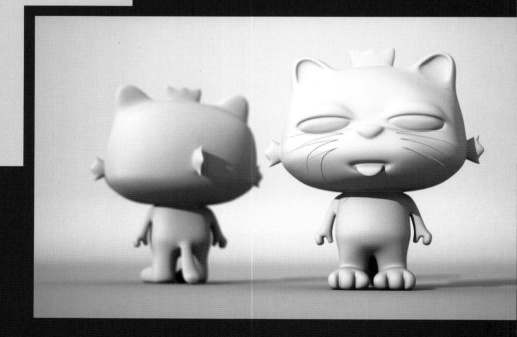

第三章 创建虚拟卡通猫

　　经过前两章的讲解，读者对多边形建模方法与曲面模型布线原理有了一定的认识。本章的教学环节将针对较复杂的曲面模型进行高级布线综合运用。其目的是为了深入阐述从多边形建模到曲面造型确立这一过程中反复推敲并完善模型细节的思路与方法，同时也能够在环境设计专业领域中具备更扎实的曲面造型塑造能力。作为一名技术全面的设计师而言，具备良好的曲面造型表达能力，无疑能为自身设计提供更可靠的技术支撑与较丰富的形式语言。

3.1 卡通猫头部整体布线

　　1. 打开 3ds Max 版本，依次将四个视图按快捷键【G】关闭格栅，选择 Perspective 视图按快捷键【Alt+W】最大化，单击 ▦ 面板与实体模式按钮 ◯，创建白色"Box001"在【Parameters】卷展栏中输入【Length】：350，【Width】：350，【Height】：200，如图 3-1 所示。

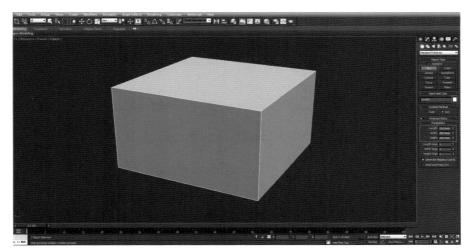

图 3-1

　　2. 单击材质编辑按钮 ▦，在弹出的编辑器中单击第一个材质球，单击【Diffuse】色块，设置【Red】：235，【Green】：235、【Blue】：235，单击【OK】结束操作，并赋予到"Box001"，如图 3-2 所示；单击右键，在快捷菜单【Convert To】下单击多边形编辑器【Convert to Editable Poly】，在【Subdivision Surface】下勾选【Use NURMS Subdivision】，在【Display】下设置【Iterations】：2，单击缩放按钮 ▦，适当调整视图角度并将模型沿 Z 轴适当拉伸，如图 3-3 所示；按快捷键【F4】，单击右键，在【Convert To】下单击多边形编辑器【Convert to Editable Poly】，单击按钮 ▦，选择单击【Affect Pivot Only】，单击【Center to Object】，将其中心轴居中，如图 3-4 所示。

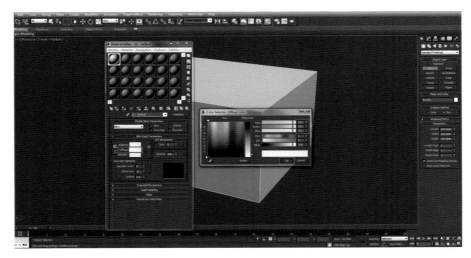

图 3-2

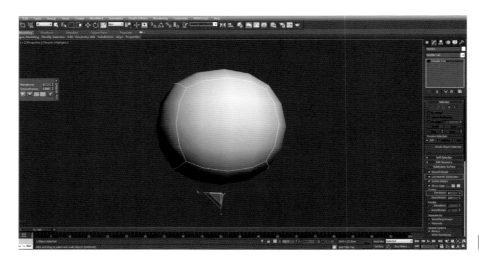

图 3-3

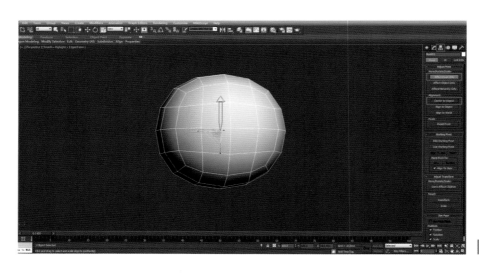

图 3-4

3. 单击 ⬛ 面板，切换 Left 视图，沿 X 轴放大模型，单击面模式按钮 ⬛，将模型中所有面全部框选为红色状态，在【Polygon：Smoothing Groups】下单击【Clear All】取消面部光滑，便于后期观察与调整，如图 3-5 所示。

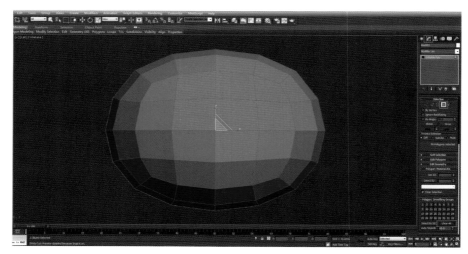

图 3-5

4. 切换 Perspective 视图，将水平中轴线以下的八片单面选红，在【Edit Polygons】下单击【Extrude】，并适当在视图中用拾取光标将其挤出，如图 3-6 所示；如图 3-7 所示选择左右对称顶点，沿 Y 轴拉伸；用同样的方法，将其周边的顶点也作适当调整，调整到转折较自然为止，如图 3-8 所示。

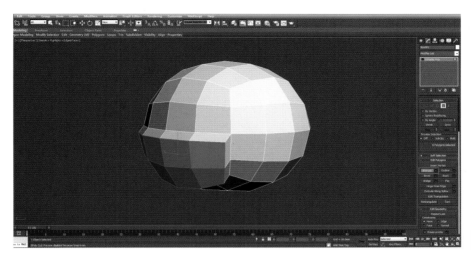

图 3-6

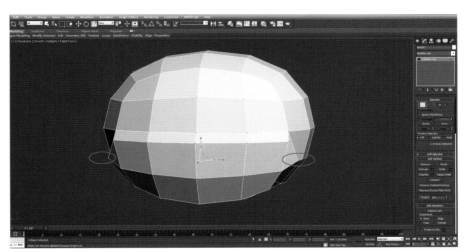

图 3-7

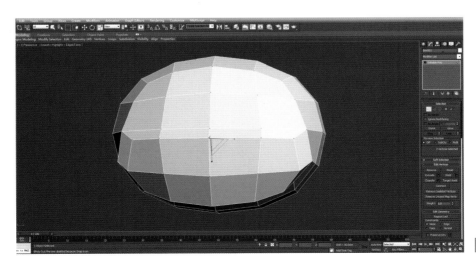

图 3-8

5. 单击移动按钮 ⊕ ，如图 3-9 所示对模型头部下方三个连续顶点沿 Z 轴适当向下移动；再次用相同的方法，继续调整底部顶点，保持模型面片转折自然，如图 3-10 所示；切换 Front 视图，将该头部轮廓附近顶点作适当调整，如图 3-11 所示。

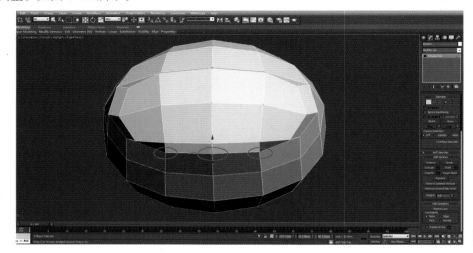

图 3-9

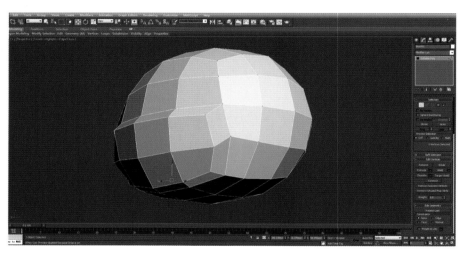

图 3-10

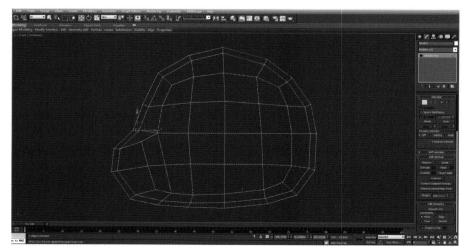

图 3-11

6. 切换 Perspective 视图，单击 ，如图 3-12 所示沿 Y 轴拉伸两侧对称顶点；切换 Left 视图，框选中轴线外右半侧头部全部顶点，按快捷键【Delete】将其删除，再次关闭 ，单击镜像按钮 ，在弹出的对话框中设置【Mirror Axis】：Y，【Clone Selection】：Instance，单击【OK】结束操作，如图 3-13 所示。

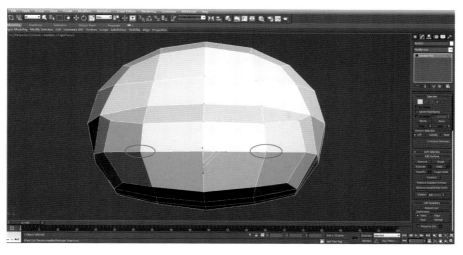

图 3-12

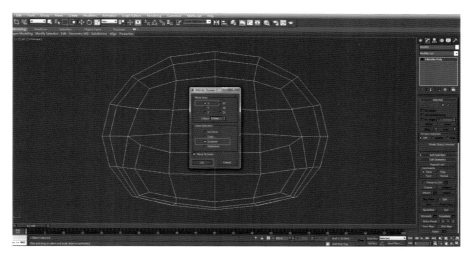

图 3-13

7. 选择左半侧头部，单击点模式按钮■，单击【Edit Vertices】下【Chamfer】，选择如图 3-14 所示将该处顶点在视图中用光标作出切角，其大小可以根据感觉自定，后期还需调节；单击捕捉按钮■，在【Edit Geometry】下单击切割命令【Cut】，适当调整模型，如图 3-15 所示给各顶点间加线，完成后关闭【Cut】；关闭点模式按钮■，选择左半侧头部，再单击面模式按钮■，关闭捕捉按钮■，选择左半侧头部眼轮廓以内的面，按快捷键【Delete】将其删除，如图 3-16 所示。

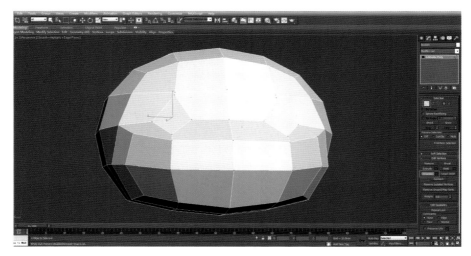

图 3-14

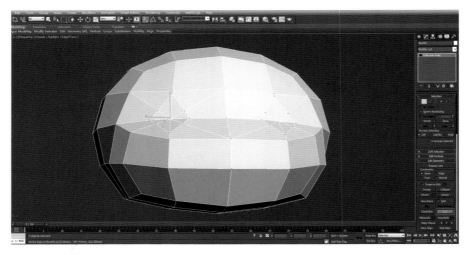

图 3-15

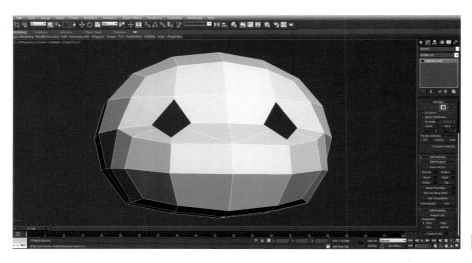

图 3-16

8.将眼圈顶点以对称拉伸形式放大，单击移动按钮 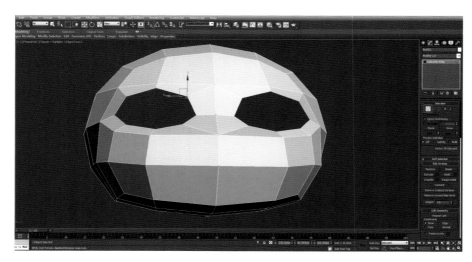，如图 3-17 所示适当调整各顶点；如图 3-18 将该面选红并在【Edit Polygons】下单击【Extrude】，并适当在视图中用光标将其挤出，并适当向左调整顶面位置；切换 Left 视图，单击点模式按钮 ，如图 3-19 所示，将该区域顶点进行适当调整。

图 3-17

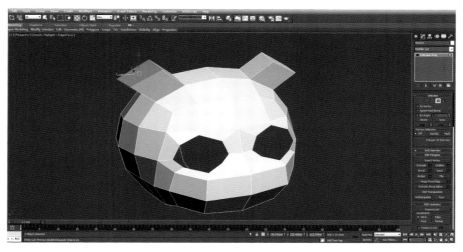

图 3-18

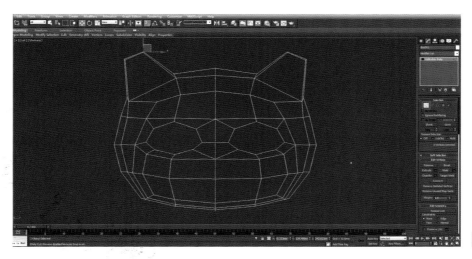

图 3-19

9. 切换 Perspective 视图，将耳朵周边的顶点如图 3-20 所示进行调整；单击边线模式按钮 ，如图 3-21 将该处线段选红并在【Edit Edges】下单击【Remove】；单击点模式按钮 ，将模型左侧脸部各顶点沿 Y 轴适当移动，调整脸颊部位转折自然即可，如图 3-22 所示。

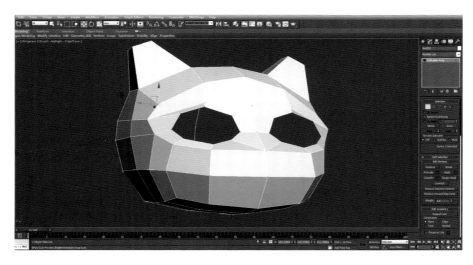

图 3-20

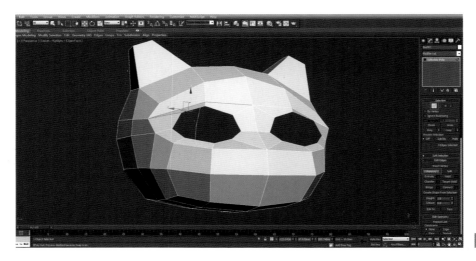

图 3-21

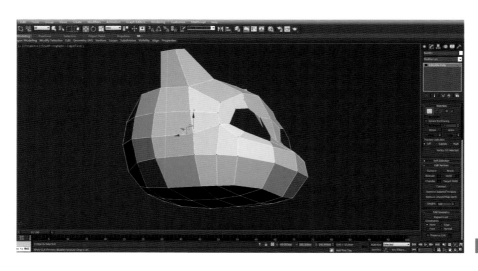

图 3-22

10. 单击捕捉按钮 **3**，在【Edit Geometry】下单击切割命令【Cut】，在如图 3-23 所示位置加线，之后关闭【Cut】；关闭捕捉按钮 **3**，如图 3-24 所示选择该处顶点，在【Edit Vertices】下单击【Remove】，将其移除。

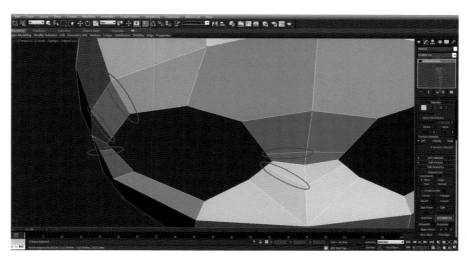

图 3-23

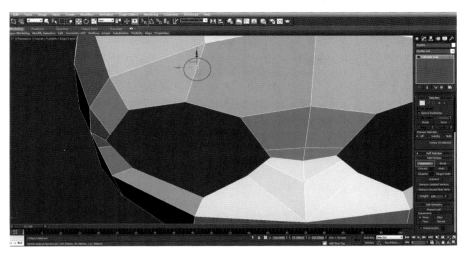

图 3-24

11. 适当将眼圈两端顶点与眼圈底部的顶点略微进行调整，如图 3-25、图 3-26 所示；单击边线模式按钮 ，选择眼睛轮廓上部的四条线段，如图 3-27 所示，将其按住快捷键【Shift】连续复制两层与之平行的单面。

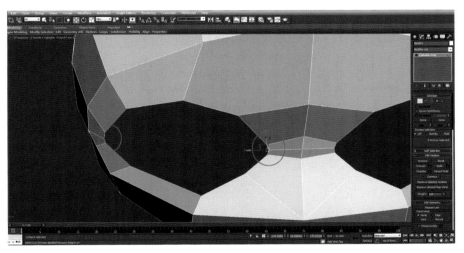

图 3-25

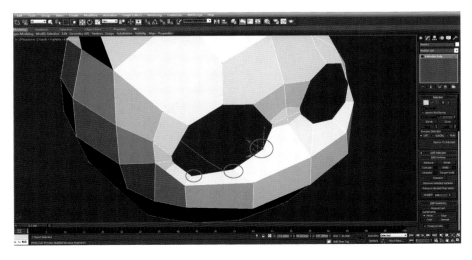

图 3-26

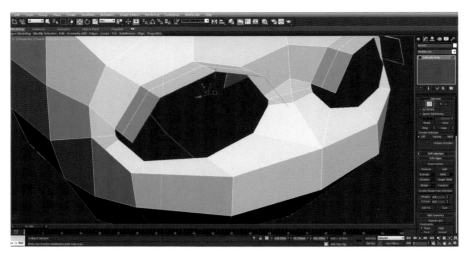

图 3-27

　　12. 单击点模式按钮 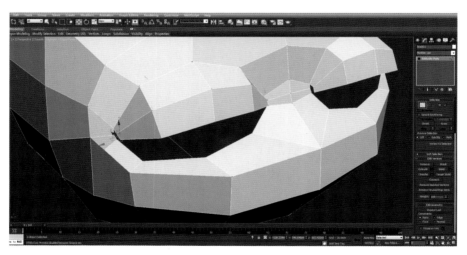，如图 3-28 所示将新复制出的两层面调整成有弧度的眼皮；观察左侧眼角部位，发现该处顶点间没闭合，需将该处临近顶点焊接，如图 3-29 所示；在【Edit Vertices】下单击【Target Weld】，将被焊接的顶点在视图中用光标单击作为焊接目标的顶点，将该部位的顶点一一焊接闭合，如图 3-30 所示。

图 3-28

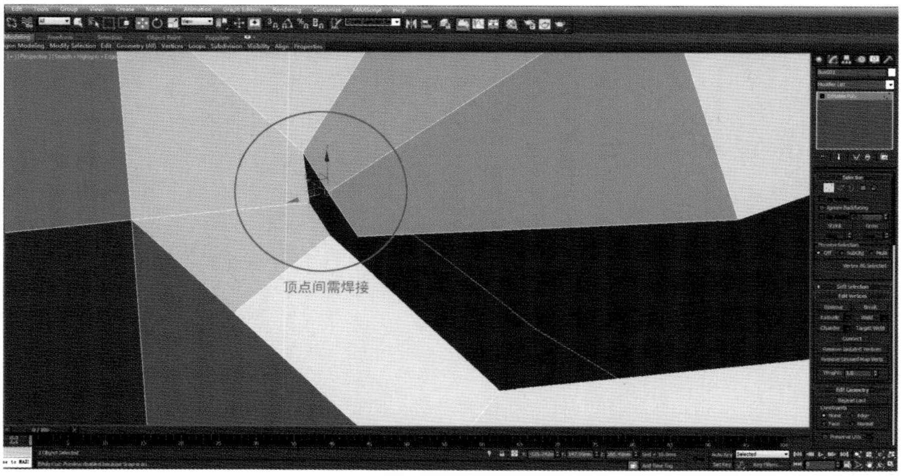

顶点间需焊接

图 3-29

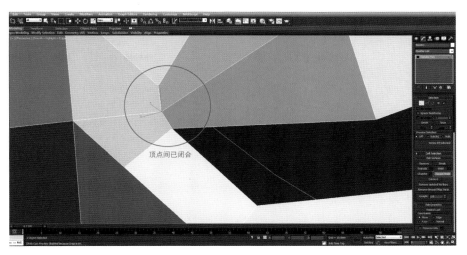

图 3-30

13. 检查右侧眼角部位，用同样方法将顶点一一焊接，如图 3-31 所示；单击边线模式按钮 ◢，如图 3-32 所示选择与眼轮廓连接的线段，在【Edit Edges】下单击【Remove】，将其移除；单击点模式按钮 ▥，将颧骨部位的三个顶点适当向左下方移动，如图 3-33 所示。

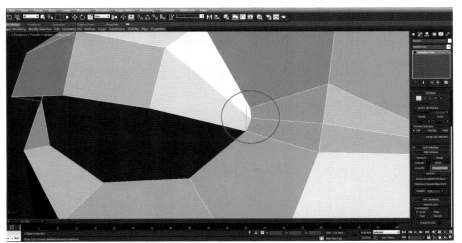

图 3-31

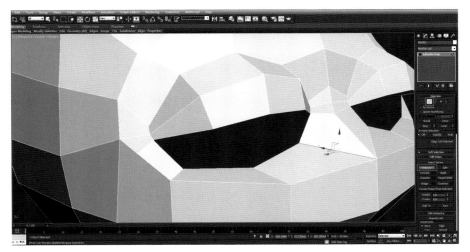

图 3-32

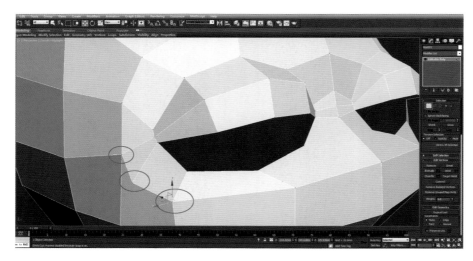

图 3-33

14. 单击捕捉按钮 $\boxed{\text{3}_{n}}$ ，单击在【Edit Geometry】下单击【Cut】，如图 3-34 所示位置给顶点间加线，关闭【Cut】；再次关闭捕捉按钮 $\boxed{\text{3}_{n}}$ ，单击边线模式按钮 ，如图 3-35 所示将三条连续线段选红，单击【Edit Edges】下【Remove】，将其移除。

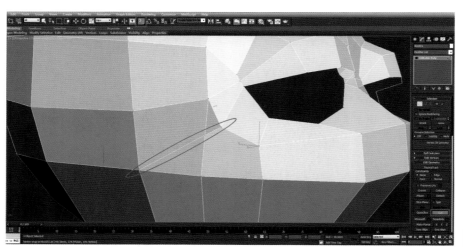

图 3-34

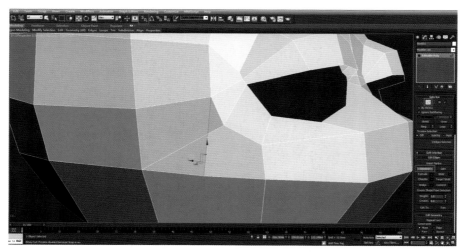

图 3-35

15. 单击点模式按钮 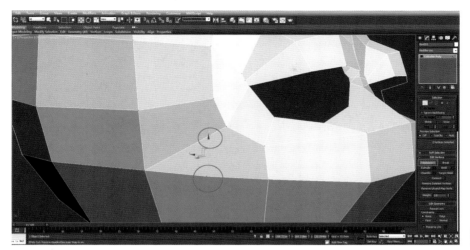，如图 3-36 所示，选择两个多余顶点在【Edit Vertices】下单击【Remove】去除；单击右键，在【Convert To】下单击【Convert to Editable Poly】，在【Edit Geometry】下单击【Attach】，在视图中用光标拾取右半侧头部，将其附加整体如图 3-37 所示；单击点模式按钮 ，全选顶点，在【Edit Vertices】下单击【Weld】，如图 3-38 所示。

图 3-36

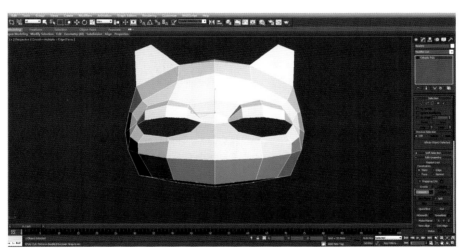

图 3-37

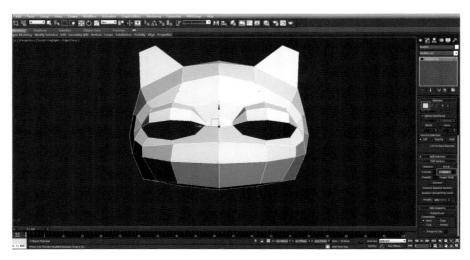

图 3-38

16. 切换 Front 视图，框选如图 3–39 所示的全部顶点，按快捷键【Delete】删除；切换 Perspective 视图，单击线圈模式按钮 ⬭，如图 3–40 所示将其按快捷键【Shift】沿 Z 轴向下连续复制两层单面；切换 Left 视图，单击缩放按钮 ⬛，单击点模式按钮 ⬛，将每排顶点进行适当的缩放，并单击移动按钮 ✥，将其每行顶点适当向上进行调整，如图 3–41 所示。

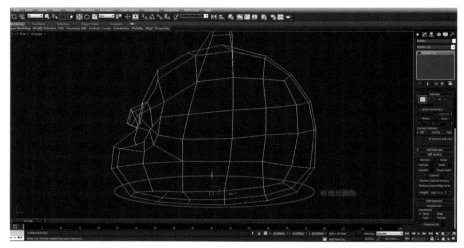

图 3–39

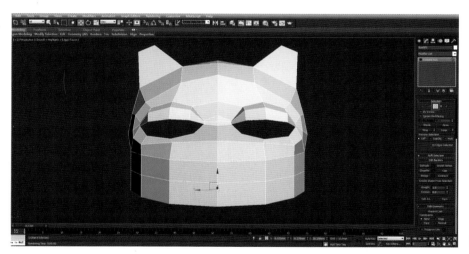

图 3–40

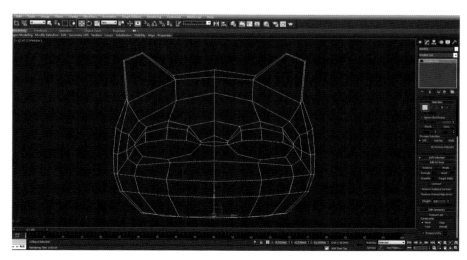

图 3–41

17. 框选中轴线外右半侧头部全部顶点，按快捷键【Delete】删除，关闭点模式按钮 ■，单击镜像按钮 ■，在弹出的对话框中设置【Mirror Axis】：Y，【Clone Selection】：Instance，单击【OK】结束操作，如图 3-42 所示；选择左半侧头部，切换 Perspective 视图，如图 3-43 所示；单击点模式按钮 ■，如图 3-44 所示，两个顶点适当向五官方向移动，缩小距离。

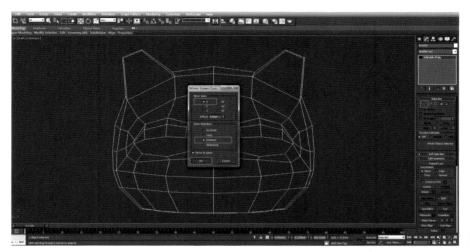

图 3-42

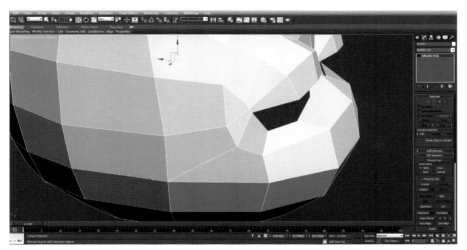

图 3-43

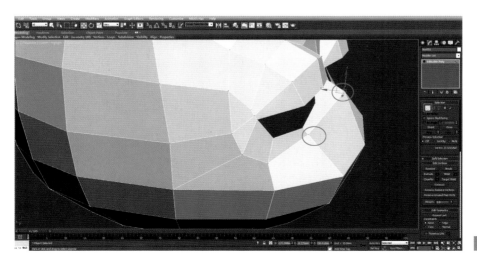

图 3-44

18. 用同样的方法继续调整顶点，尽可能将脸部突出的结构距离缩短并保持转折自然，如图 3-45 所示；单击边线模式按钮 ，选择眼睛下方第三排竖向线段任意一条，再单击【Selection】下【Ring】，如图 3-46 所示，即可以将该模型与之平行的一圈竖线全部选红；在【Edit Edges】下单击【Connect】，以默认的方式仅连接一圈线段，如图 3-47 所示。

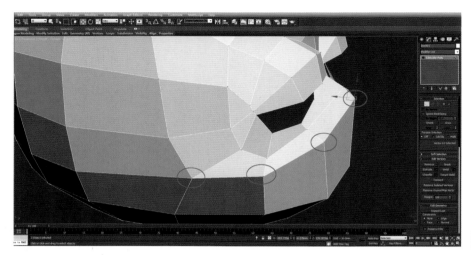

图 3-45

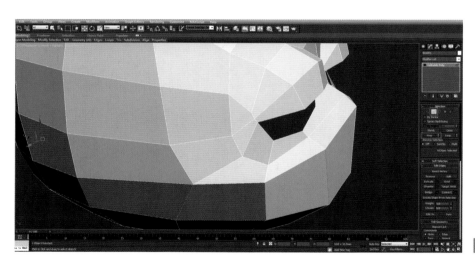

图 3-46

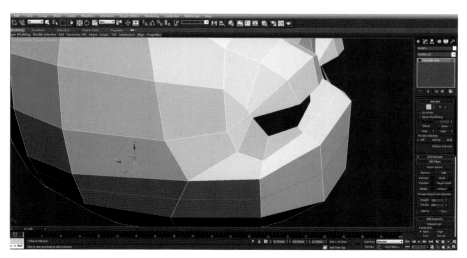

图 3-47

19. 多了一圈线段，即增加了可调节顶点，因此继续调整顶点位置，如图 3-48 所示。

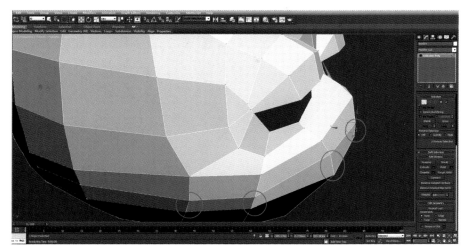

图 3-48

20. 观察背面布线，如图 3-49 所示，发现背面部分顶点参差不齐需要调整到布线匀称、转折处过度自然为止；如图 3-50、图 3-51 所示将参差不齐的顶点尽可能向上、并向模型中心方向略作调整。

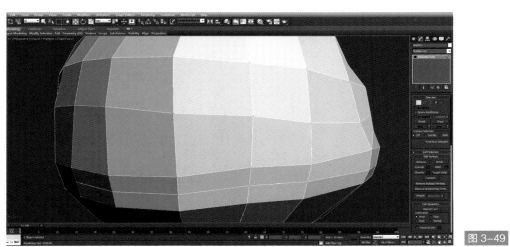

图 3-49

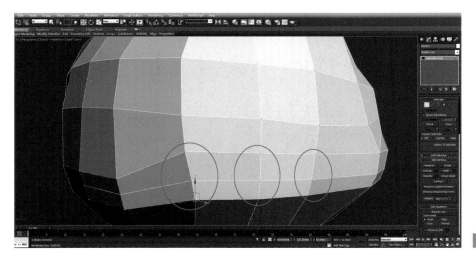

图 3-50

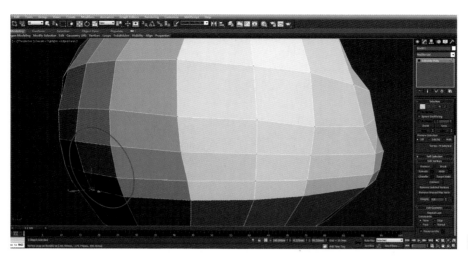

图 3-51

21. 单击边线模式按钮 ，选择模型最下方竖向线段任意一条，再在【Selection】下单击【Ring】，再次在【Edit Edges】下单击【Connect】，如图 3-52 所示；单击点模式按钮 ，将头部底面两线圈中的顶点向中心方向调整，将其线圈向内收缩，这样可以达到转折自然的效果，如图 3-53、图 3-54 所示。

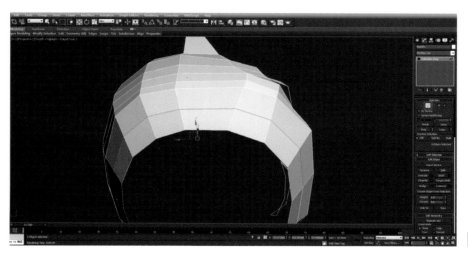

图 3-52

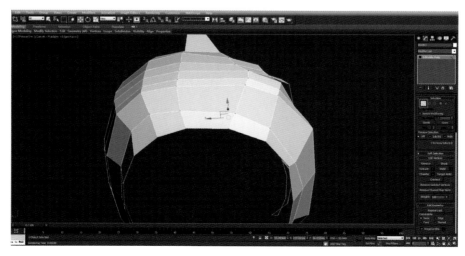

图 3-53

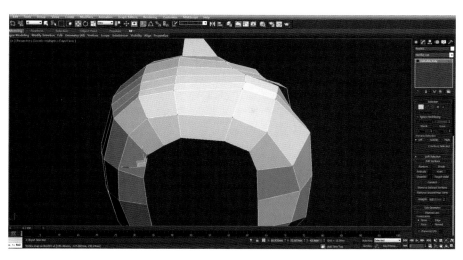

图 3-54

22. 选择视图中的区域在【Edit Vertices】下单击【Chamfer】，如图 3-55 所示，在视图中将该处顶点用光标作出切角，该处为鼻子部位，完成操作后，再次关闭【Chamfer】；单击边线模式按钮 ✏️，选择鼻子部位左侧三条横向线段，在【Edit Edges】下单击【Connect】，如图 3-56 所示。

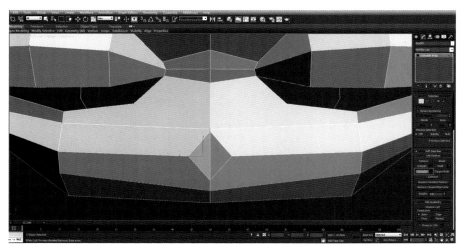

图 3-55

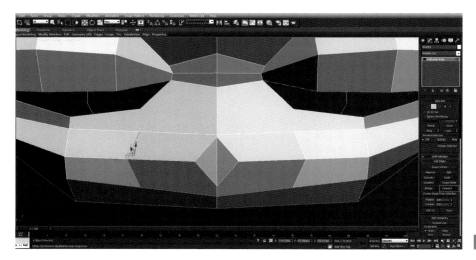

图 3-56

23. 单击捕捉按钮 🔳，在【Edit Geometry】下单击【Cut】，如图 3-57 所示给各顶点间加线，完成后关闭【Cut】；关闭捕捉按钮 🔳，单击面模式按钮 ⬛，选择鼻子部位的面，按快捷键【Delete】将其删除，调节各顶点位置，如图 3-58 所示；再次在【Edit Geometry】下单击【Cut】，如图 3-59 所示位置加线，之后关闭【Cut】。

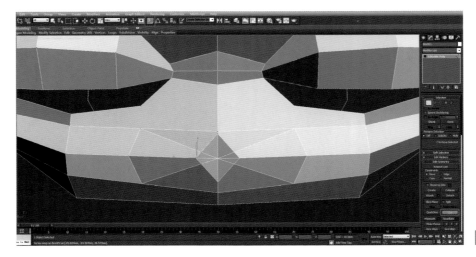

图 3-57

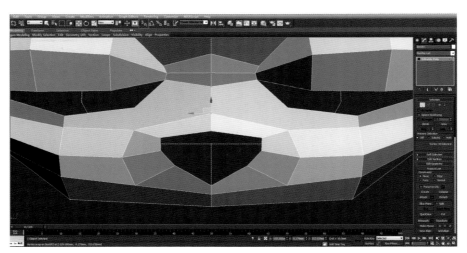

图 3-58

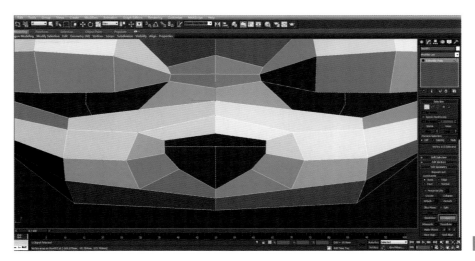

图 3-59

24. 单击边线模式按钮 ，在【Edit Edges】下单击【Connect】，如图 3-60 所示两线段间创建连接线；单击点模式按钮 ，在【Edit Vertices】下单击【Chamfer】，如图 3-61 所示区域创建切角；单击捕捉按钮

![3n图标]，在【Edit Geometry】下单击【Cut】，如图 3-62 所示给各顶点间加线，之后关闭【Cut】。

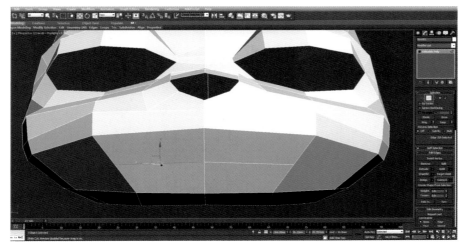

图 3-60

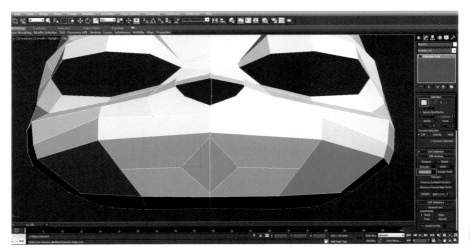

图 3-61

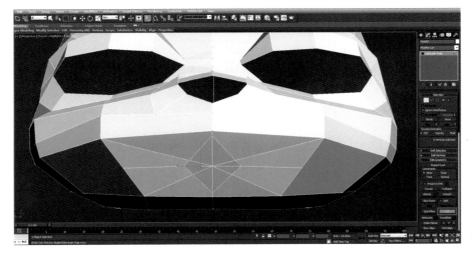

图 3-62

25. 关闭捕捉按钮![3n图标]，单击面模式按钮![图标]，选择嘴部所有面，按快捷键【Delete】将其删除，调节各顶点位置，如图 3-63 所示；如图 3-64 所示位置加线，将布线没连接顶点的线连接完整，之后关闭【Cut】，适当调整如图 3-65 所以示位置的顶点，尽可能多利用顶点使转折过渡自然。

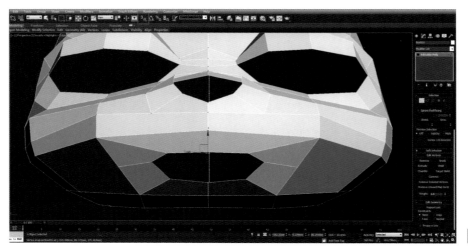

图 3-63

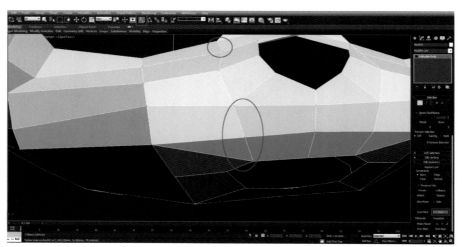

图 3-64

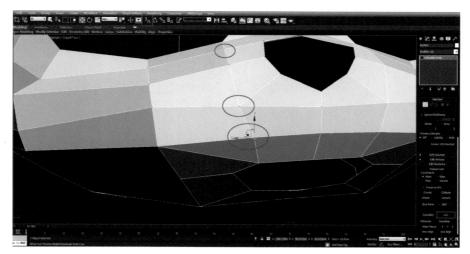

图 3-65

26. 单击边线模式按钮 ，如图 3-66 所示将两条线段选红，在【Edit Edges】下单击【Remove】，将其移除；单击捕捉按钮 ，单击点模式按钮 ，在【Edit Geometry】下单击【Cut】，如图 3-67 所示给顶点间加线，关闭【Cut】；关闭捕捉按钮 ，如图 3-68 所示，选择该顶点在【Edit Vertices】下单击【Remove】，将其移除。

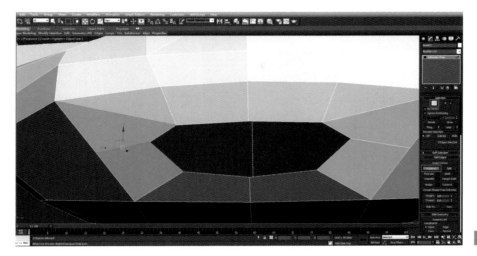

图 3-66

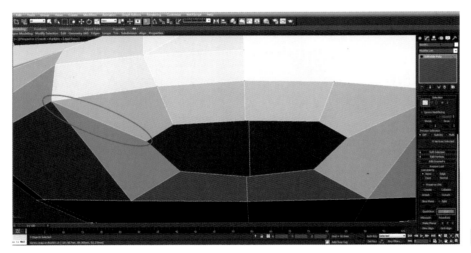

图 3-67

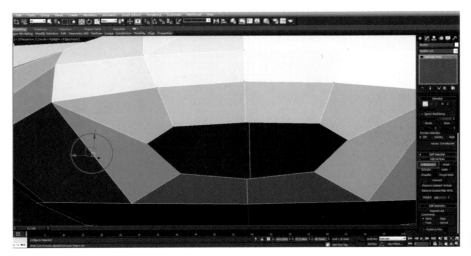

图 3-68

27. 单击边线模式按钮 ，选择耳朵部位四条竖向外轮廓线段，在【Edit Edges】下单击【Connect】，如图 3-69 所示产生连接线；单击点模式按钮 ，在【Edit Geometry】下单击【Cut】，如图 3-70 所示在耳朵正面加线，之后关闭【Cut】；适当调整顶点，单击面模式按钮 ▣，在【Edit Polygons】下单击【Extrude】，如图 3-71 所示用光标将其挤出。

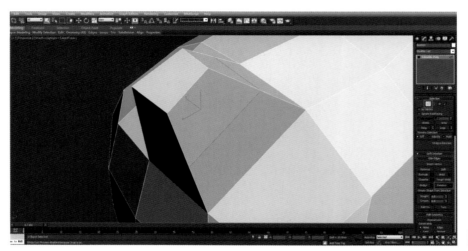

图 3-69

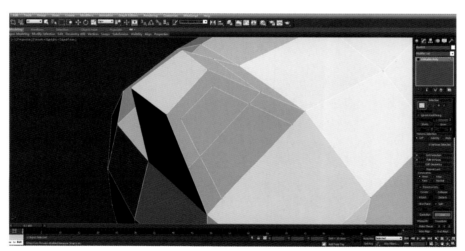

图 3-70

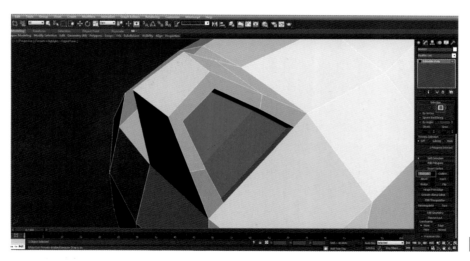

图 3-71

28. 按快捷键【F3】切换线框模式，将耳朵凹陷部分的顶点加深，调整如图 3-72 所示；在【Edit

Vertices】下单击【Target Weld】，如图 3-73 所示将两处顶点焊接；单击捕捉按钮 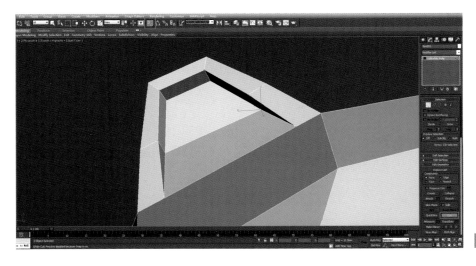，按快捷键【F3】退出线框模式，在【Edit Geometry】下单击【Cut】，如图 3-74 处加线，操作完成后关闭【Cut】。

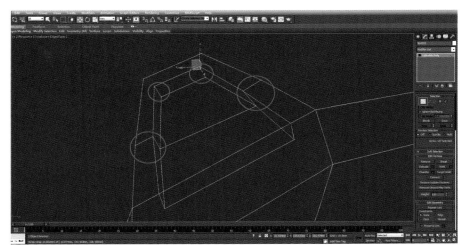

图 3-72

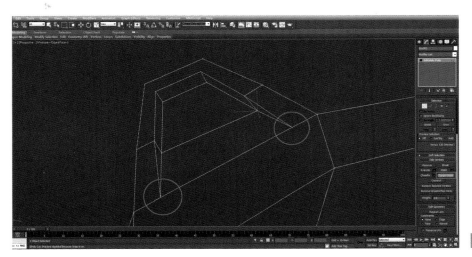

图 3-73

图 3-74

29. 选择耳朵部位横向线段任意一条，单击边线模式按钮 ![]，再在【Selection】下单击【Ring】，即可以将该模型与之平行的一圈竖线全部选红，之后在【Edit Edges】下单击【Connect】，生成连接线，如图 3-75 所示；单击点模式按钮 ![]，如图 3-76 所示调整该处顶点，尽可能利用新生成的顶点将该处转折处理自然；如图 3-77 所示调整该处顶点，尽可能将布线走向处理自然。

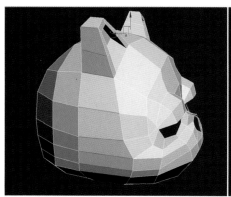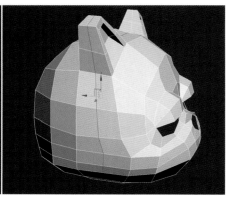

图 3-75

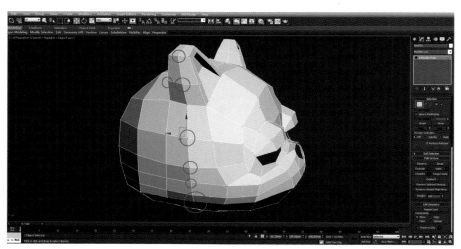

图 3-76

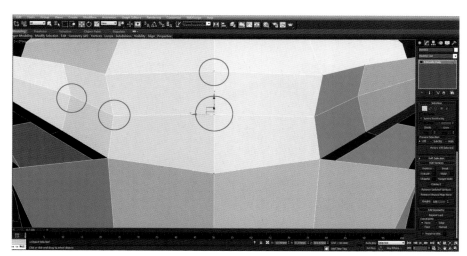

图 3-77

30. 在【Edit Vertices】下单击【Chamfer】，如图 3-78 所示，将该处顶点作出切角；单击捕捉按钮 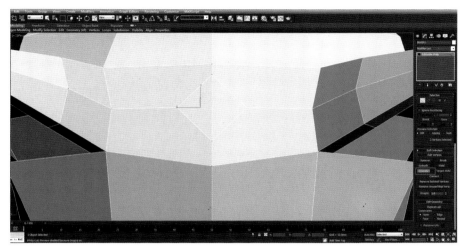，在【Edit Geometry】下单击【Cut】，如图 3-79 所示给各顶点间加线，之后关闭【Cut】；关闭捕捉按钮 ，单击面模式按钮 ■，单击新建轮廓内的面并按快捷键【Delete】将其删除，调节各顶点位置，如图 3-80 所示。

图 3-78

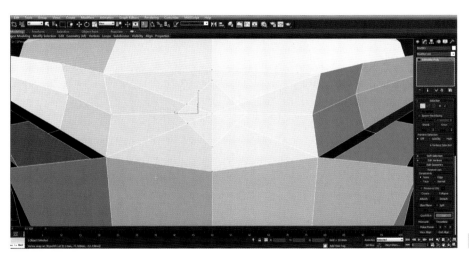

图 3-79

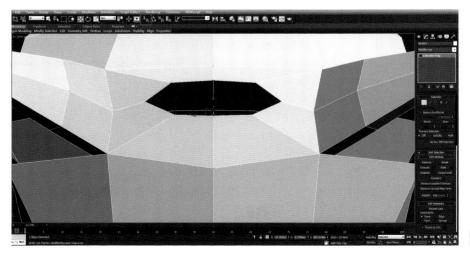

图 3-80

31. 如图 3-81 所示将其按住快捷键【Shift】连续复制两层与之平行的单面；单击点模式按钮 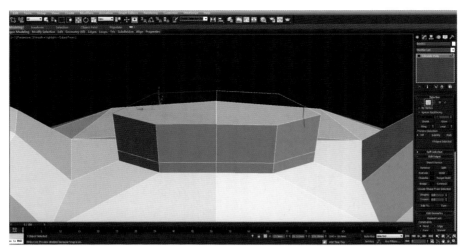，将每排顶点进行适当调整，如图 3-82 所示造型为冠状毛发；单击边线模式按钮 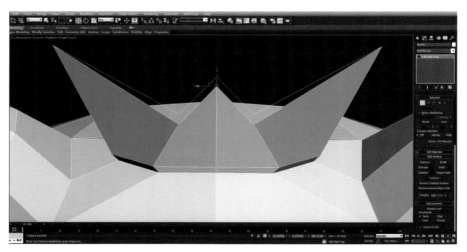，选红毛发顶部正面方向的两条线段，按住快捷键【Shift】将其复制一层单面，如图 3-83 所示。

图 3-81

图 3-82

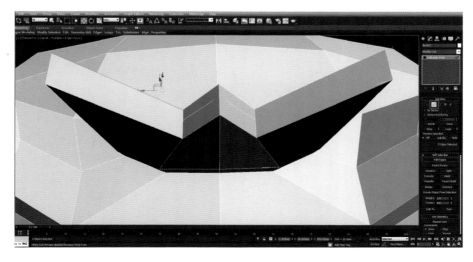

图 3-83

32. 单击点模式按钮■，在【Edit Vertices】下单击【Target Weld】，将该处未闭合的顶点一一焊接，操作结果如图 3-84 所示；单击边线模式按钮■，选择如 3-85 所示位置的两条竖向线段并在【Edit Edges】下单击【Connect】，生成连接线。

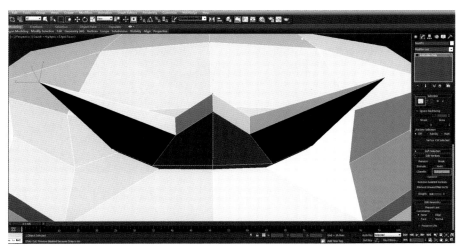

图 3-84

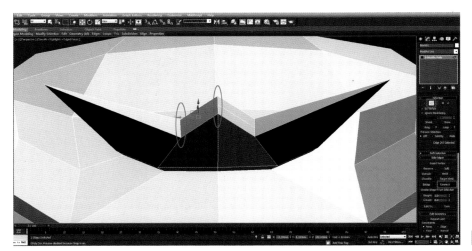

图 3-85

33. 单击点模式按钮■，单击捕捉按钮■，在【Edit Geometry】下单击【Cut】，给两顶点间加线，如图 3-86 所示，之后关闭【Cut】；再次关闭捕捉按钮■，调整该部位顶点，如图 3-87 所示。

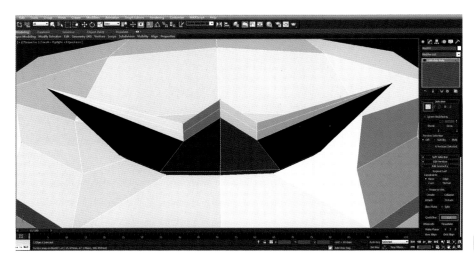

图 3-86

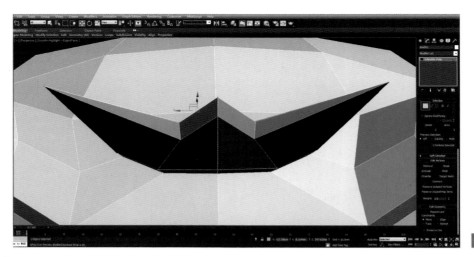

图 3-87

34. 参考第 28 步过程，用类似的方法将卡通猫模型的侧面创建布线如图 3-88 所示；参考第 29-30 步过程，用类似的方法创建卡通猫侧面冠状毛发。如图 3-89 所示。

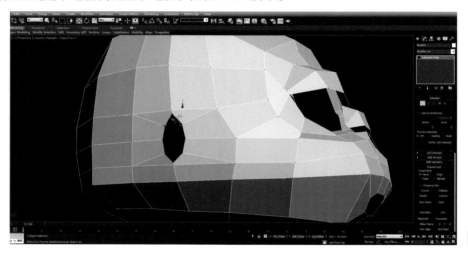

图 3-88

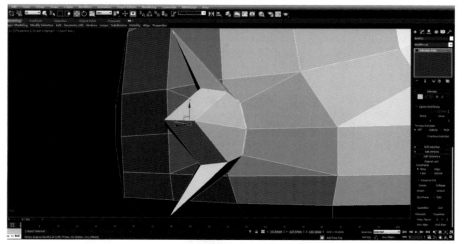

图 3-89

3.2 卡通猫头部细化布线

通过前面的讲解，卡通猫头部的布线已经基本完成，在布线过程中笔者始终遵循尽可能多使用四边形建模，在模型结构较隐蔽的某些局部，可以适当考虑利用三角面进行建模表达。对于初学者而言，建模布线是需要仔细把握线面之间的走向，争取以较少的面片模式表达较圆滑的曲面效果。在下面的小节中，将针对头部的细节部分进行创建与细化，即需要表达模型五官的细节并合理梳理点线面之间的衔接关系。

1. 单击线圈模式按钮 ，单击缩放按钮 ，单击眼轮廓，按住【Shift】缩小并复制一层单面，如图
3-90 所示；单击移动按钮 ，将线圈沿 X 轴向内移动，将卡通猫眼睑的结构大致创建，如图 3-91 所示；
在【Edit Borders】下单击【Cap】，将眼睑内侧封口，如图 3-92 所示。

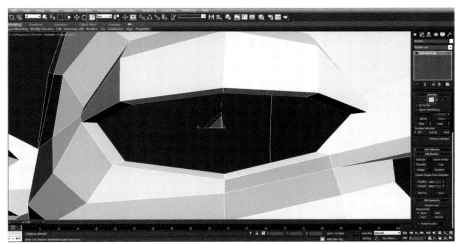

图 3-90

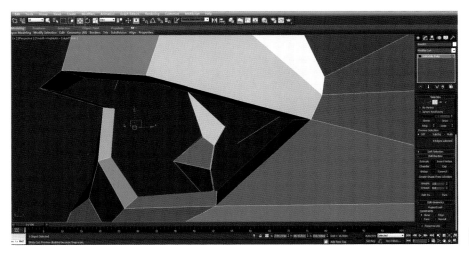

图 3-91

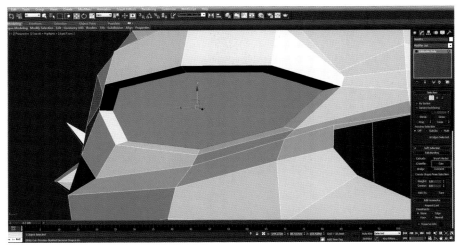

图 3-92

2. 单击面模式按钮 ，选红被封口的单面并在【Edit Polygons】下单击【Inset】，在视图中用拾取光
标依次插入两圈单面，如图 3-93 所示；单击捕捉按钮 ，单击点模式按钮 ，给眼球部位断线之间加线，
如图 3-94 所示；再次关闭捕捉按钮 ，如图 3-95 展示将眼球部位顶点作适当调整并向外突出。

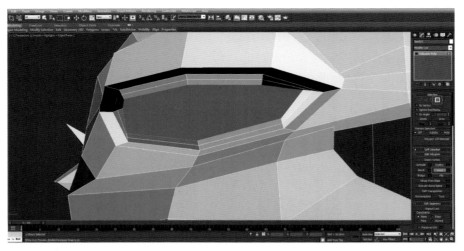

图 3-93

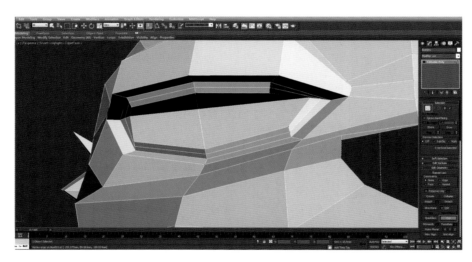

图 3-94

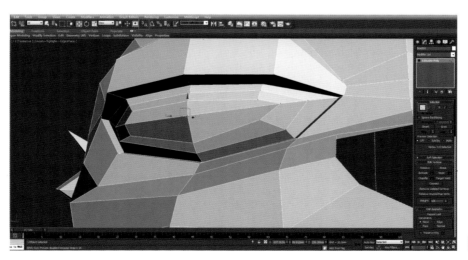

图 3-95

3. 单击右键，在快捷菜单【Convert To】下单击【Convert to Editable Poly】，在【Edit Geometry】下单击【Attach】，在视图中，用拾取光标单击右半侧头部，单击点模式按钮 ■，框选全部顶点，单击【Edit Vertices】下点焊接命令【Weld】将其焊接整体，如图 3-96 所示。

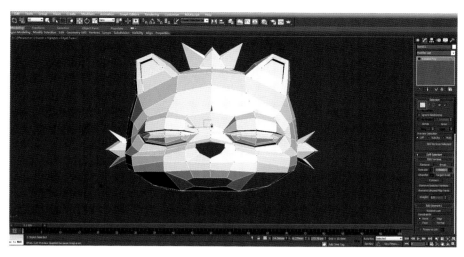

图 3-96

4. 单击线圈模式按钮 ，选红线圈按住【Shift】沿 X 轴向外复制单面，如图 3-97 所示；单击缩放按钮 ，将该单面最外侧线圈整体进行适当的缩小，与鼻根内侧线圈形成一定坡度即可，如图 3-98 所示；利用相同的方法，将刚缩小过的线圈再次沿 X 轴向外移动复制一层单面，并且以同样原理进行缩小，如图 3-99 所示。

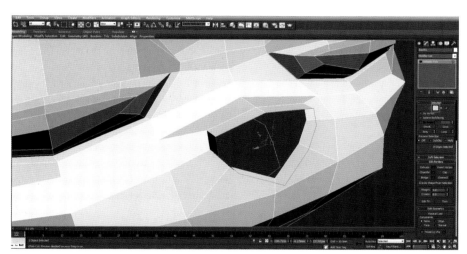

图 3-97

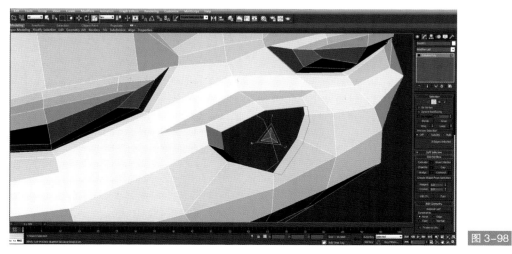

图 3-98

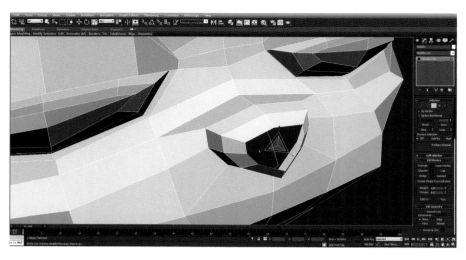

图 3-99

5. 在【Edit Borders】下单击【Cap】，将断面封口，单击捕捉按钮 3ₙ，单击点模式按钮 ，在【Edit Geometry】下单击【Cut】，如图 3-100 所示给鼻头表面进行加线，之后关闭【Cut】。

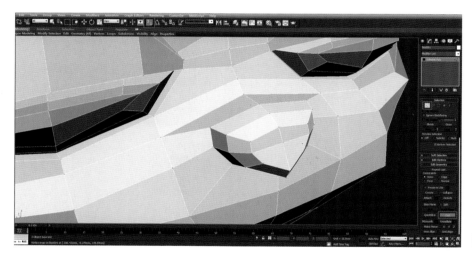

图 3-100

6. 关闭捕捉按钮 3ₙ，切换 Front 视图，单击移动按钮 ，将该部分顶点框选移动到视图中的位置，如图 3-101 所示；单击旋转按钮 ，将已选中顶点向左侧旋转如图 3-102 所示；利用相同的方法，将鼻头外侧顶点进行适当移动与旋转，如图 3-103 所示。

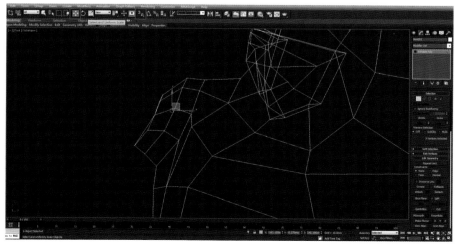

图 3-101

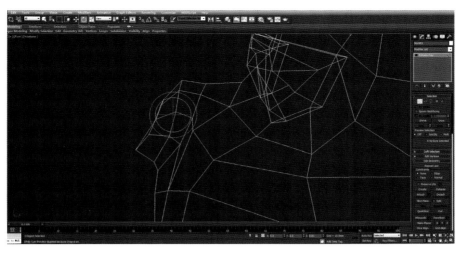

图 3-102

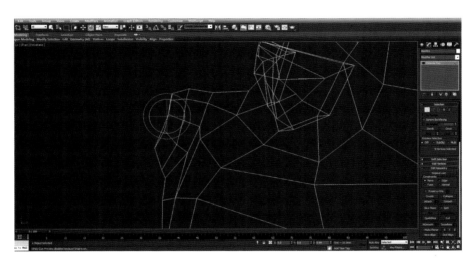

图 3-103

7. 切换 Perspective 视图，单击移动按钮 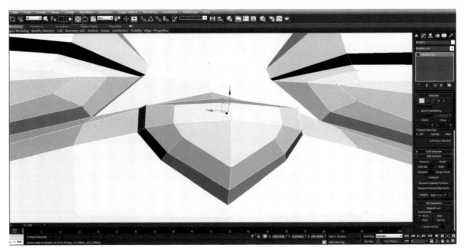，将鼻头及周围顶点进行局部调整，确保鼻头部位相对饱满即可，如有需要也可以间接配合使用缩放工具以左右对称的方式进行适当缩放，如图 3-104 所示。

图 3-104

注意：以上对于卡通猫鼻子与眼球等局部顶点的调整，需要读者耐心完成每一步骤，尽可能将其弧度调节自然，由于本章节篇幅有限，在具体调整顶点过程中适当借助翻转视图角度进行改善模型的步骤不能一一配图，因此希望对于初学者而言切忌不要将视图固定在某一角度进行建模，应该多转动视图仔细调整并确认各个顶点间的布线关系。

8.单击线圈模式按钮 ，选择嘴部线圈，按住【Shift】沿 X 轴向外移动复制一层单面，如图 3-105 所示；单击缩放按钮 ，将该单面最外侧线圈整体进行适当的缩小，如图 3-106 所示；利用相同的方法，将缩小过的线圈再次沿 X 轴向外移动复制一层单面，并且以同样原理进行缩小，如图 3-107 所示。

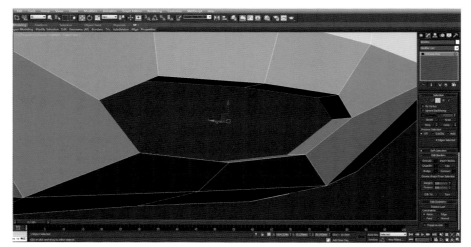

图 3-105

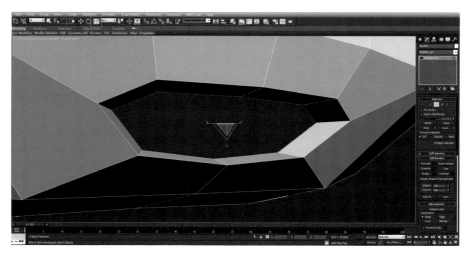

图 3-106

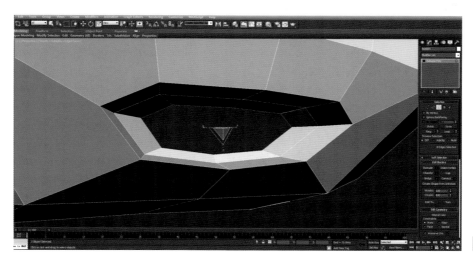

图 3-107

9. 在【Edit Borders】下单击【Cap】，单击捕捉按钮 🔩，单击点模式按钮 ▦，在【Edit Geometry】下单击【Cut】，如图 3-108 所示进行加线，之后关闭【Cut】；关闭捕捉按钮 🔩，将嘴部各顶点进行适当的缩放调整，嘴部凹槽部分转折过渡自然即可，如图 3-109 所示。

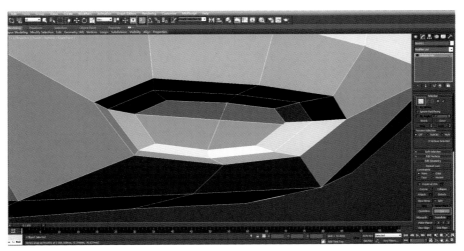

图 3-108

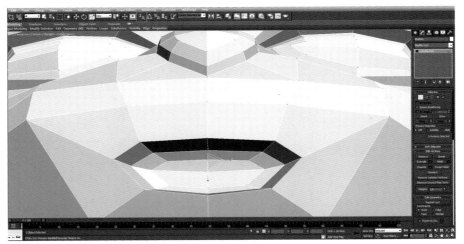

图 3-109

10. 准备制作舌头，选红嘴部中心的四个面，单击面模式按钮 ▦，在【Edit Polygons】下单击【Extrude】，用拾取光标将该面挤出，如图 3-110 所示；单击移动按钮 ✛，将挤出并选红的单面沿 Z 轴向上移动，如图 3-111 所示；单击缩放按钮 ▦，如图 3-112 将该面进行适当的缩小。

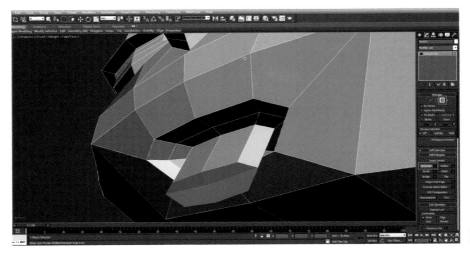

图 3-110

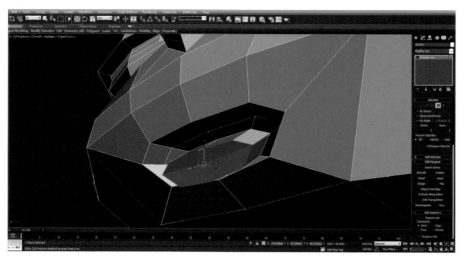

图 3-111

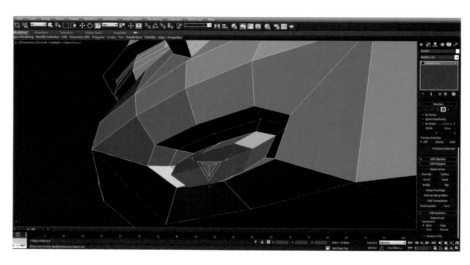

图 3-112

11. 参考第 10 步过程，利用相同方法将该面连续挤出两次并适当缩小，如图 3-113 所示；切换 Front 视图，单击旋转按钮 ⟳，如图 3-114 所示框选各排顶点向左侧适当旋转；切换 Perspective 视图，单击移动按钮 ✛，如图 3-115 所示调整各顶点之间的关系，将舌尖部位相关顶点向外突出。

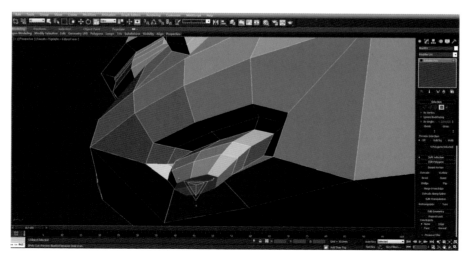

图 3-113

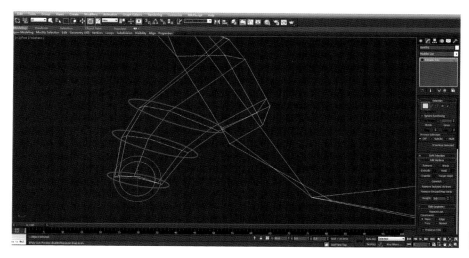

图 3-114

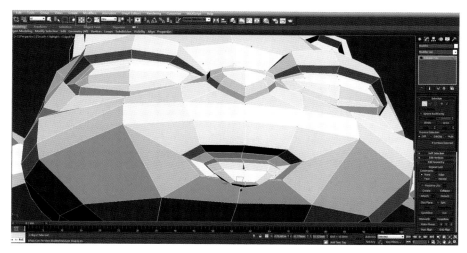

图 3-115

12. 适为了增加视觉趣味性可以利用 3.1 小节所学方法，在卡通猫后脑部位再次创建一处冠状毛发模型，如图 3-116 所示。

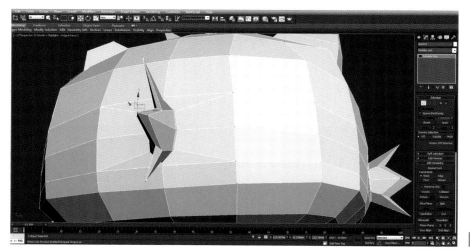

图 3-116

注意：经过本节讲解，卡通猫模型头部布线已基本完成，通过观察模型可以发现该模型在一些细微转折与结构重点强调的地方布线较密集，对于一些大的转折布线则较稀疏，这样既能体现一定的模型精度，同时又可以合理的达到计算机低资源消耗的目的。

3.3 卡通猫肢体布线

1. 单击线圈模式按钮 ■，单击缩放按钮 ■，将头部最底面线圈选红，按住【Shift】，等比缩小并复制一层单面，之后可仅沿 Y 轴适当缩小，如图 3-117 所示；切换 Front 视图，单击移动按钮 ■，将其沿 Y 轴向下移动，在【Edit Geometry】下单击【Slice Plane】，将切片移至视图位置单击【Slice】，再关闭【Slice Plane】，如图 3-118 所示。

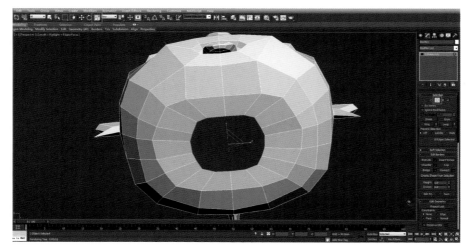

图 3-117

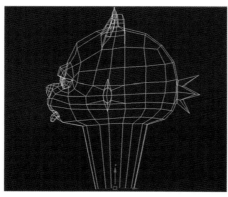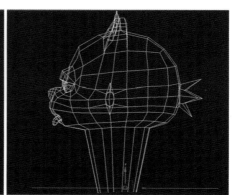

图 3-118

2. 将切片以下线圈按快捷键【Delete】删除，将底层线圈沿 Y 轴向上移动，按【Shift】将线圈移动复制四层单面，具体位置如图 3-119 所示。

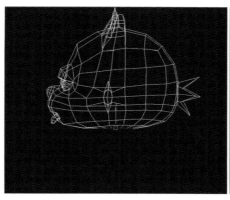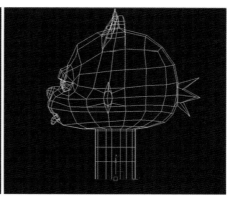

图 3-119

3. 单击缩放按钮 ，单击点模式按钮 ，将身体每排顶点如图 3-120 所示进行调整；切换 Left 视图，框选中轴线右侧头部全部顶点，按快捷键【Delete】删除，关闭点模式按钮 ，单击镜像按钮 ，在弹出的对话框中设置【Mirror Axis】：X，【Clone Selection】：Instance，单击【OK】结束操作，如图 3-121 所示；切换 Perspective 视图，单击移动按钮 ，单击点模式按钮 ，如图 3-122 所示调节前三排线圈上顶点。

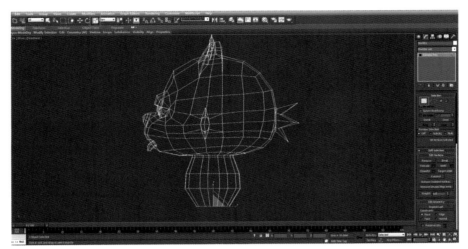

图 3-120

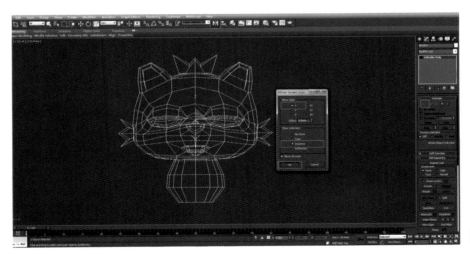

图 3-121

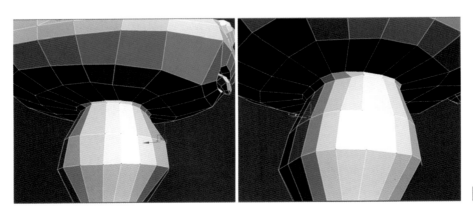

图 3-122

4. 单击面模式按钮 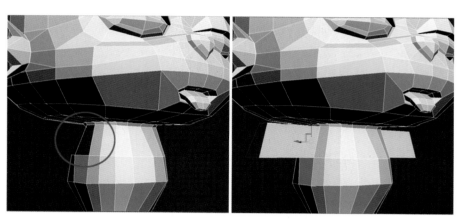，将视图中标注的表面按【Delete】删除，单击线圈模式按钮 ，选红该处线圈，按住【Shift】沿 Y 轴向外移动复制并创建手臂，如图 3-123 所示；单击点模式按钮 ，将手臂断面上侧两个顶点沿 Y 轴向内移动，在【Edit Vertices】下单击【Target Weld】，将断面下侧两顶点焊接如图 3-124 所示位置。

图 3-123

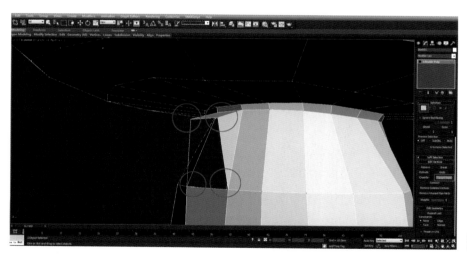

图 3-124

5. 单击线圈模式按钮 ，按快捷键【Shift】将断面的线圈再次沿 Y 轴向外复制单面，并单击点模式按钮 ，如图 3-125 所示调整各顶点之间关系；用相同的方法，继续复制并调整顶点之间关系，如图 3-126 所示。

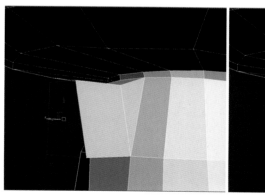
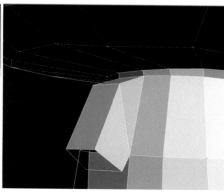

图 3-125

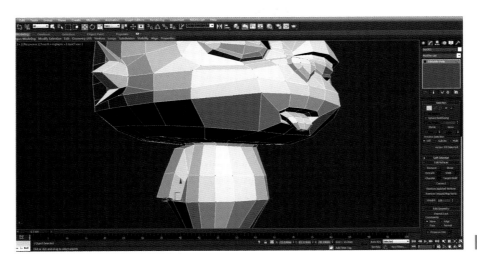

图 3-126

6. 参考第 5 步过程，用相同方法依次复制三层单面，在每次复制后适当进行顶点调整，创建手部形状，单击线圈模式按钮 ⬛，在【Edit Borders】下单击【Cap】，如图 3-127 所示；选红手部右侧的面，在【Edit Polygons】下单击【Extrude】，如图 3-128 所示；单击点模式按钮 ⬛，将顶点适当调整，单击面模式按钮 ⬛，重复在【Edit Polygons】单击【Extrude】，再次单击点模式按钮 ⬛，将顶点适当调整，如图 1-129 所示。

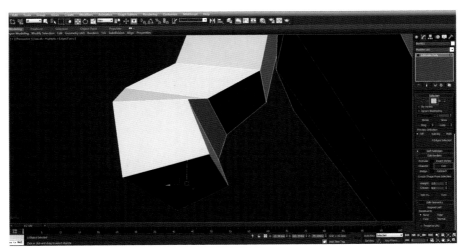

图 3-127

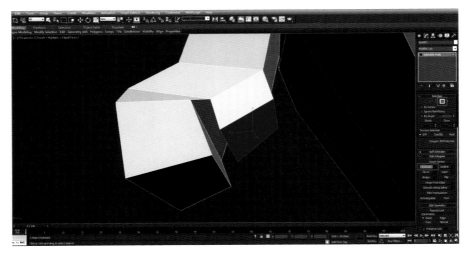

图 3-128

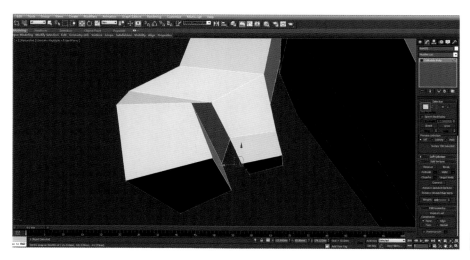

图 3-129

7. 选择卡通猫正面颈部以下任意竖向线段，单击边线模式按钮 ▨，在【Selection】下单击【Ring】，之后在【Edit Edges】下单击【Connect】，如图 3-130 所示；单击点模式按钮 ▨，如图 3-131 所示，将视图中顶点作适当调整，转折处理自然即可；用相同的方法在卡通猫模型背部创建连接线并调整顶点位置，如图 3-132 所示。

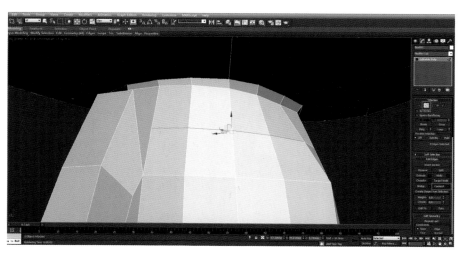

图 3-130

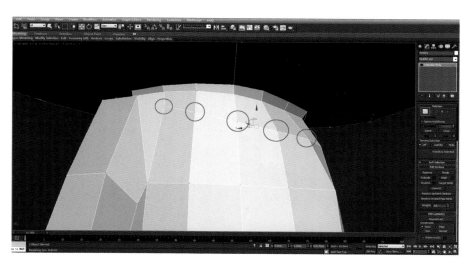

图 3-131

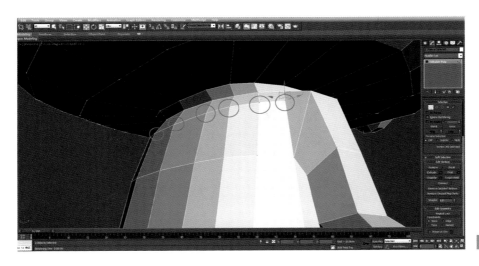

图 3-132

8.参考第 7 步过程，在底层一圈竖向线段中创建连接线，调整各顶点位置，尽量转折自然，如图 3-133 所示。

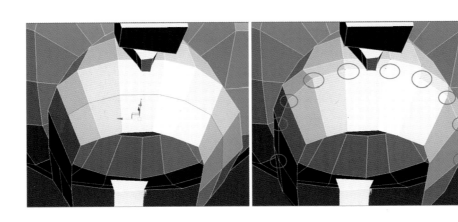

图 3-133

9.适当调整底层横向线圈上的各顶点位置，单击边线模式按钮 ▨ ，选红视图中的线段，按快捷键【Shift】沿 Z 轴向下移动复制单面，如图 3-134 所示；选红视图中两个区域内线段，先后沿 X 轴向背面与正面方向分别移动复制单面，如图 3-135 所示；单击点模式按钮 ▨ ，如图 3-136 所示调整各顶点位置，完善胯下部位的转折结构。

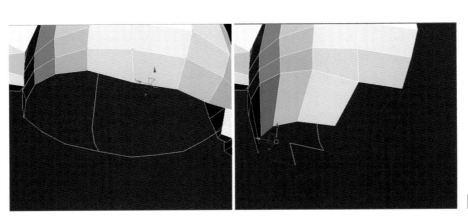

图 3-134

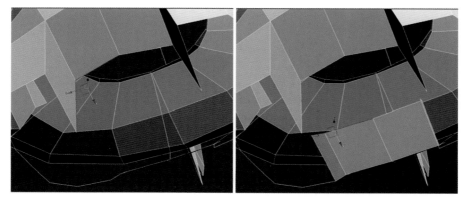

图 3-135

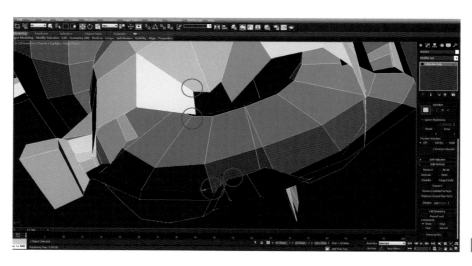

图 3-136

10. 单击边线模式按钮 ，选择胯下部位边缘线段，在【Edit Edges】下单击【Bridge】将线段之间连接单面，如图 3-137 所示；选择该连接单面的左右线段，在【Edit Edges】下单击【Connect】后按钮 ■，在弹出的对话框中仅输入【Connect Edges-Segment】：3，并勾选绿色勾结束操作，如图 3-138 所示。

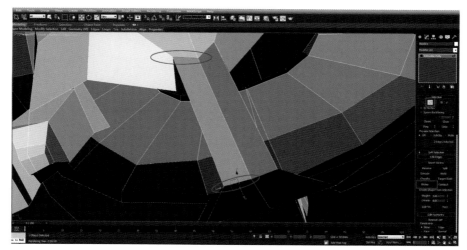

图 3-137

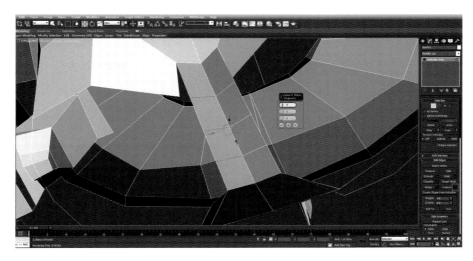

图 3-138

11. 单击点模式按钮 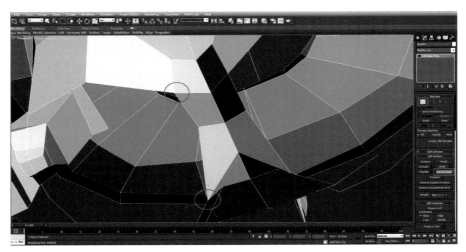，在【Edit Vertices】下单击【Target Weld】，在视图中用拾取光标将未闭合的所有顶点焊接如图 3-139 所示；适当调整各顶点位置，尽可能将胯下的结构转折关系调整自然，如图 3-140 所示。

图 3-139

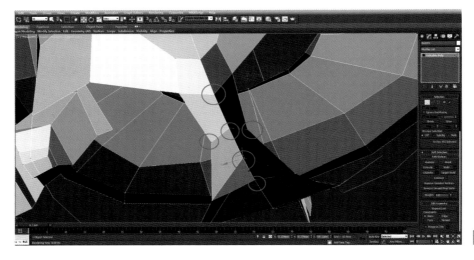

图 3-140

12. 选红腿部底层线圈，按快捷键【Shift】将其沿 Y 轴向下移动复制两层单面，切换 Front 视图，在【Edit Geometry】下单击【Slice Plane】，将切片移至视图位置单击【Slice】，之后关闭【Slice Plane】，如图 3-141 所示；切换 Perspective 视图，将切片以下线圈按快捷键【Delete】删除，单击面模式按钮 ◙，将腿部正面的三片单面按快捷键【Delete】删除，单击点模式按钮 ▣，适当给各顶点调整并突出腿型的转折，如图 3-142 所示。

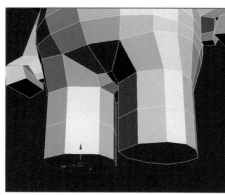 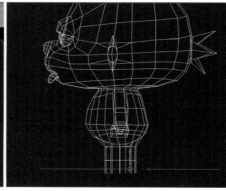

图 3-141

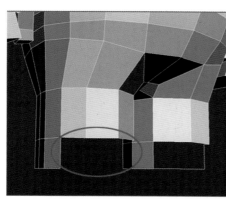 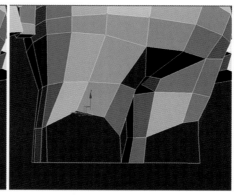

图 3-142

13. 单击边线模式按钮 ◪，将腿部缺口部位的线段选红，按快捷键【Shift】沿 X 轴向外移动复制一层单面，单击点模式按钮 ▣，适当调整顶点并创建脚背形状，如图 3-143 所示；用相同的方法，继续复制并调整顶点之间关系，如图 3-144 所示。

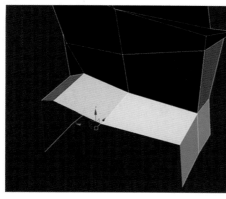 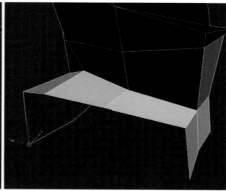

图 3-143

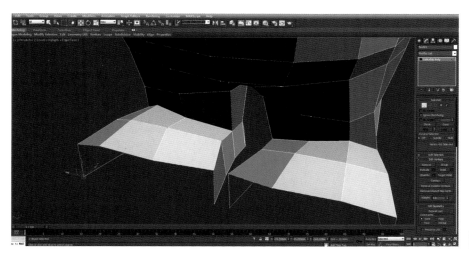

图 3-144

14. 单击边线模式按钮 ▨，选择视图中所标注的线段，按【Shift】沿 Y 轴向右连续移动复制三层单面，如图 3-145 所示；单击点模式按钮 ▨，在【Edit Vertices】下单击【Target Weld】，在视图中用拾取光标将未闭合处顶点焊接如图 3-146 所示。

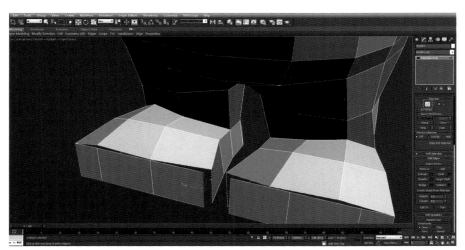

图 3-145

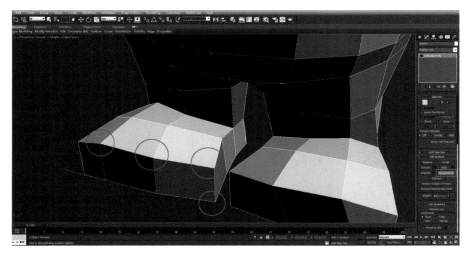

图 3-146

15. 单击面模式按钮 ▣，将脚部正面三个单面依次在【Edit Polygons】下单击【Extrude】，用拾取光标在视图中适当挤出长度创建三个脚趾，如图 3-147 所示；按快捷键【F3】切换线框模式，单击点模式按钮 ▦，适当调整各顶点位置，将转折处理自然，如图 3-148 所示。

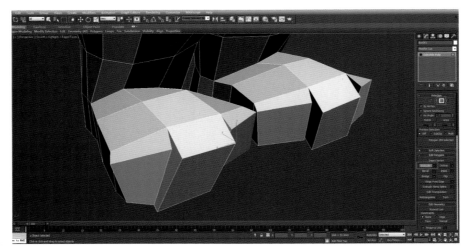

图 3-147

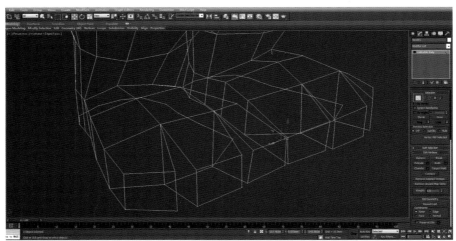

图 3-148

16. 按快捷键【F3】还原线面模式，将脚底的面选红按快捷键【Delete】删除，单击线圈模式按钮 ⟲，按住【Shift】将脚底线圈沿 Z 轴向下移动复制一层单面，在【Edit Borders】下单击【Cap】，切换 Front 视图，单击点模式按钮 ▦，将脚底顶点全部框选并适当缩小，如图 3-149 所示；切换 Perspective 视图，单击点模式按钮 ▦，单击捕捉按钮 ⌗，在【Edit Geometry】下单击【Cut】，如图 3-150 所示给各顶点间加线，完成后关闭【Cut】；再次关闭捕捉按钮 ⌗，单击移动按钮 ✛，将脚底各顶点如视图中位置做适当调整，尽可能突出脚底面形状的特点，如图 3-151 所示。

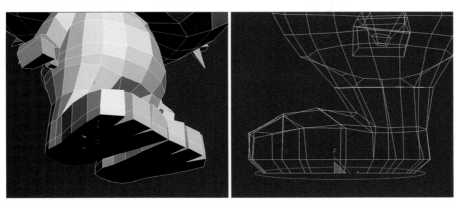

图 3-149

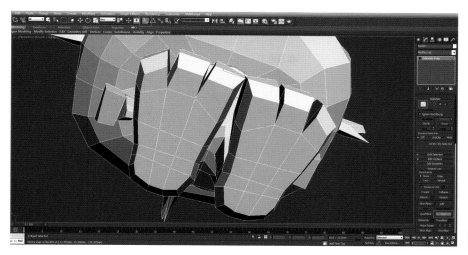

图 3-150

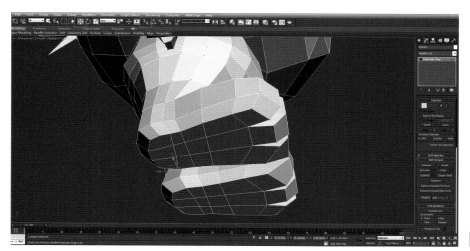

图 3-151

17. 单击右键，在快捷菜单【Convert To】下选择【Convert to Editable Poly】，在【Edit Geometry】下单击【Attach】，在视图中，用拾取光标单击右半侧模型，单击点模式按钮 ，框选全部顶点，单击【Edit Vertices】下单击【Weld】，将其焊接整体，如图 3-152 所示；翻转模型背面，选红腿部上侧线圈的中心顶点，在【Edit Vertices】单击下【Chamfer】，如图 3-153 所示位置作出切角并创建尾巴位置。

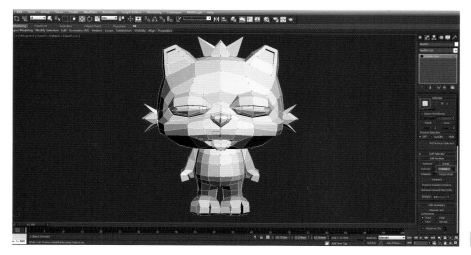

图 3-152

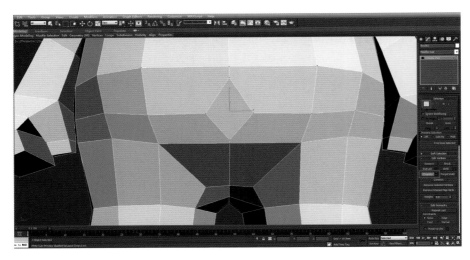

图 3-153

18. 单击捕捉按钮 ，单击【Edit Geometry】下单击【Cut】，如图 3-154 所示给各顶点间加线，之后关闭【Cut】；再次关闭捕捉按钮 ，单击移动按钮 ，按视图位置调节各个顶点并尽可能上下对称，单击缩放按钮 ，将各个对称顶点的选择方式进行适当放大，如图 3-155 所示。

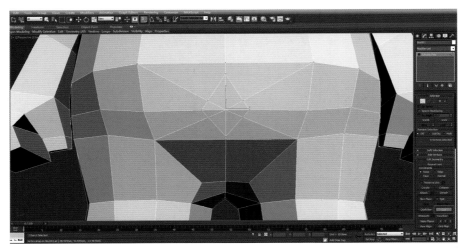

图 3-154

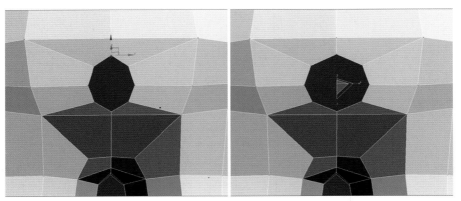

图 3-155

19. 切换 Front 视图，单击线圈模式按钮 ，选红该线圈，按快捷键【Shift】将其沿 X 轴向右移动复制，在【Edit Geometry】下单击【Slice Plane】，单击旋转按钮 与角度捕捉按钮 ，将切片旋转 90°，移动至视图位置单击单击【Slice】，关闭角度捕捉按钮 与【Slice Plane】；按快捷键【F3】，将该线圈移动至视图位置，并做适当旋转，如图 3-156 所示；用相同的方法依次复制尾部线圈摆放至视图位置，并分别在每次线圈摆放后相应做适当的旋转调整，如图 3-157 所示。

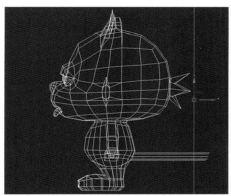
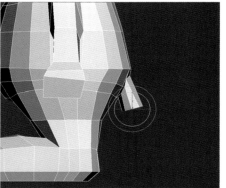

图 3-156

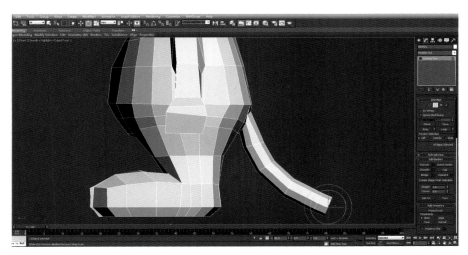

图 3-157

20. 单击点模式按钮 ▦ 与旋转按钮 ⟳，将尾巴每段线圈上的顶点放大如图 3-158 所示；单击线圈模式按钮 ◯，选红尾巴末端线圈，在【Edit Borders】下单击【Cap】，单击点模式按钮 ▦，在【Edit Geometry】下单击【Cut】，如图 3-159 所示给顶点间加线，之后关闭【Cut】；单击边线模式按钮 ◢，选择视尾巴中间任意四条横向线段，在【Selection】下单击【Loop】，适当沿 Y 轴适当放大，如图 3-160 所示。

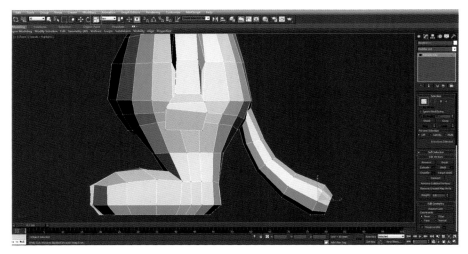

图 3-158

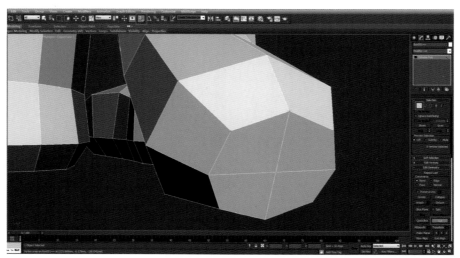

图 3-159

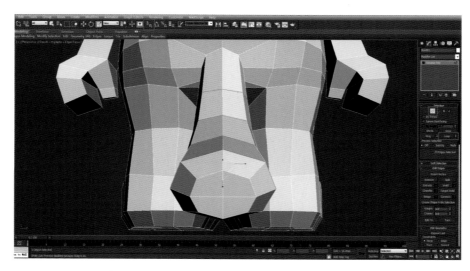

图 3-160

21. 切换 Left 视图，单击 ![]面板，单击【Line】创建白色线段作为胡须，勾选【Rendering】下【Enable In Renderer】与【Enable In Viewport】，如图 3-161 所示；单击右键，在【Convert To】下单击【Convert to Editable Poly】，对胡子各顶点适当调整，尽可能越靠胡梢部位越细如图 3-162 所示；用相同方法对称创建其他胡须并放至视图位置，单击"Box001"，在【Subdivision Surface】下勾选【Use NURMS Subdivision】，设置【Display】下【Iterations】：2，如图 3-163 所示。

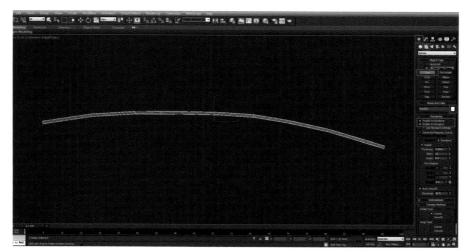

图 3-161

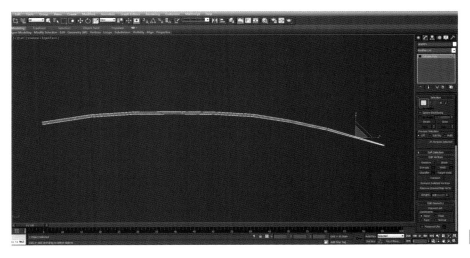

图 3-162

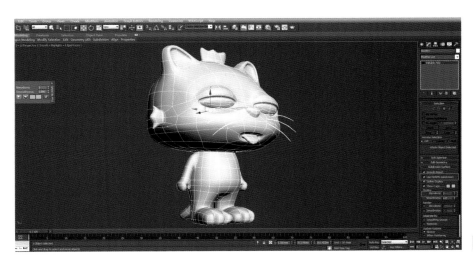

图 3-163

22. 利用全局光照渲染白模与类似方法创建的其他卡通模型，如图 3-164、图 3-165 所示。

图 3-164

图 3-165

　　小结：本章节重点讲述卡通猫模型头部、肢体的高级布线方法，以及针对五官结构进行相应细化的技巧，基本能够以较少的面片数量表达较高的模型精度。经过本章学习，能够发现建模过程中可以利用镜像原理对半建模，也可以将模型焊接成整体建模，这些不同的方法都是依据设计需要灵活变通的，希望初学者能够仔细研究该套建模流程，能够用较少的焊接次数完成较多的建模环节，具备一定模型创建的逻辑思考能力。

FORTH CHAPTER

Design for Virtual Environment

第四章

第四章 日光与人工照明下客厅渲染表现

　　经过前面章节的讲解，读者对空间建模有一定的了解，在本章环节中，将针对客厅的渲染表现制作进行相机设置、材质编辑、布光和渲染，以及后期等操作的介绍，引导读者学习有关效果图渲染的相关命令。因此，学好本章知识点能够快速在环境设计专业领域中提升渲染表现能力，同时也为后继学习动画渲染提供相关技术支撑。

4.1 相机的设置

　　1. 单击菜单栏【Customize】，单击【Preference Settings】，单击【Viewports】面板，单击【Choose Diver】，弹出对话框并在下拉菜单中选择【Nitrous Direct3D 11(Recommended)】，单击【OK】，再次弹出对话框单击【确定】，单击【OK】结束操作，如图4-1所示，之后关闭并重新开启软件。

图4-1

　　注意：Open GL 图形驱动模式是一个专业的图形程序接口，是一个功能强大、调用方便的底层图形库。Nitrous Direct3D 11图形驱动模式包含图形、声音、输入、网络等模块。随着图形驱动模块的发展，相对于 Nitrous Direct3D 而言，Open GL 优势在逐渐丧失。但是，此处对于虚拟环境设计专业的 3ds Max 表现来说，二者没有直观的区别，此处笔者选用 Nitrous Direct3D 11 作为图形驱动，只为得到较为直观的客厅材质贴图的显示模式。

　　2. 在出版社网站 (http://www.seupress.com/index.php?mod=c&s=ss648080f 或 "东南大学出版社" 官网，土木建筑分社下的 "资源下载" 中) 下载并打开《虚拟环境设计》"案例 4" 文件，在 Perspective 视图里单击显示模式【Realistic】，调整为【Shaded】模式，如图4-2所示。

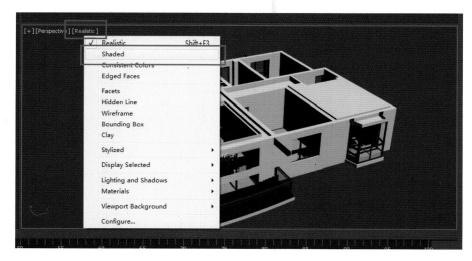

图4-2

3. 切换 Top 视图，单击 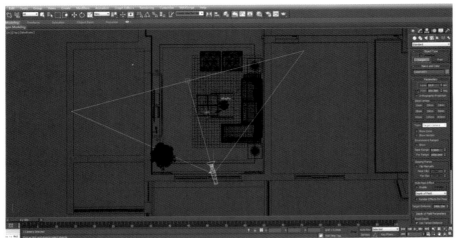 面板，单击相机按钮 ，单击【Target】，在如图 4-3 位置创建相机，设置【Parameters】下【Lens】：15；切换 Left 视图，在菜单栏下面切换选择集为【Cameras】，同时为避免多选物体，单击 ，框选相机控制点和目标点，单击移动按钮 ，将相机沿 Y 轴向上移动至如图 4-4 所示位置。

图 4-3

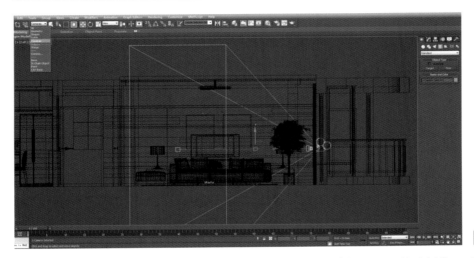

图 4-4

4. 参照第 3 步过程，在图 4-5 所示位置创建 "Camera002"，在菜单栏下面调整选择集，选择【All】，按快捷键【C】，切换 "Camera001" 视图并单击【OK】结束操作；按快捷键【F4】调整线框模式显示，按快捷键【Shift+C】，消隐相机，如图 4-6 所示。

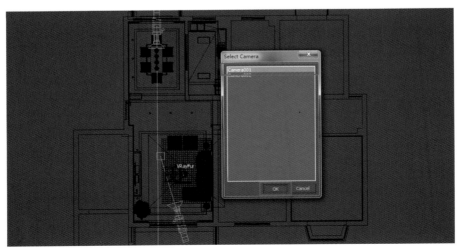

图 4-5

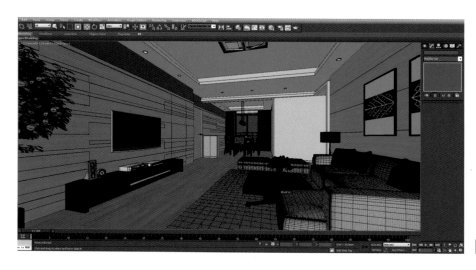

图 4-6

注意：相机设定的位置及镜头大小可以按照自身需要反复调整，直至满意为止。

4.2 材质系统参数调整

1. 单击材质编辑按钮 ，弹出对话框单击【Modes】，单击【Compact Material Editor】，如图 4-7 所示；在材质球面板上右键，弹出对话框单击【6×4 Sample Windows】，增加材质球的使用个数，如图 4-8 所示。

图 4-7

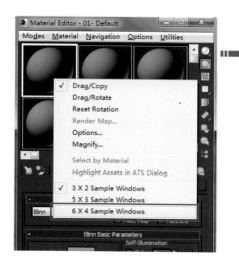 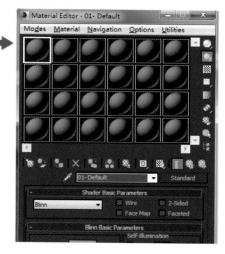

图 4-8

注意：材质是体现物体质感的核心所在，要达到较理想的效果，需对材质进行反复调整，以达到逼真或具备艺术美感的视觉效果。

2. 材质面板包含标题栏、菜单栏、示例窗、工具行、工具列、名称、类型、参数。材质面板为默认材质【Standard】，在 V-Ray 渲染引擎下，应使用 V-Ray 标准材质。单击【Standard】按钮，在弹出的对话框中单击【V-Ray】，双击【VRayMtl】，将 V-Ray 标准材质调到材质示例窗口，如图 4-9 所示；将 "01-Default" 材质球名称命名为 "白枫"，在【Diffuse】后小方块里添加位图【Bitmap】，在所下载的 "案例 4" 文件夹目录中找到 "白枫" 贴图，单击【Open】，单击 ，返回上级，如图 4-10 所示。

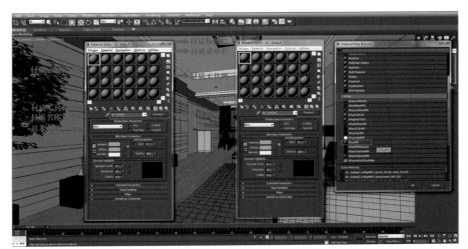

图 4-9

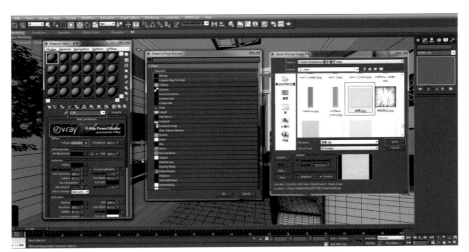

图 4-10

3. 选择 "白枫" 材质，单击【Reflect】色块，设置【Red】：10，【Green】：10，【Blue】：10，单击【Hilight glossiness】后 ，设置【Hilight glossiness】：0.87，【Refl.glossiness】：0.86，【Subdivs】：40，单击 ，选择 "电视餐厅背景墙、鞋柜、沙发背景墙、门、门套、踢脚线" 模型，单击 ，选择 "电视背景墙" 模型，单击 ，在下拉菜单中单击【UVW map】，勾选【Box】，设置【Length】：10270，【Width】：500，【Height】：235，如图 4-11 所示。

用相同方法设置鞋柜坐标【Length】：128，【Width】：615，【Height】：128，沙发背景墙【Length】：128、【Width】：6250，【Height】：50，门【Length】：10270，【Width】：500，【Height】：128，门套【Length】：2050，【Width】：1900，【Height】：128，如图 4-12 所示。

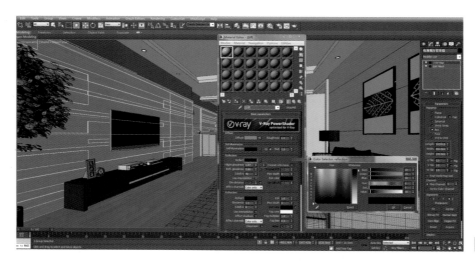

图 4-11

Length:	128.0mn	Length:	128.0mn	Length:	10270.0	Length:	2050.0m
Width:	615.0mn	Width:	6250.0m	Width:	500.0mn	Width:	1900.0m
Height:	128.0mn	Height:	50.0mm	Height:	128.0mn	Height:	128.0mn

图 4-12

4. 选择"木地板"材质，设置【VRayMtl】，单击【Diffuse】后小方块，添加文件名为"木地板 .jpg"的贴图，单击【Reflect】色块，设置【Red】：12，【Green】：12，【Blue】：12，单击 L，设置【Hilight glossiness】：0.95，设置【Refl.glossiness】：0.95，设置【Subdivs】：30，开启 ▦，选择"木地板"模型，单击 🖉，添加【UVW Map】，勾选【Box】，设置【Length】：10，【Width】：1200，【Height】：1200，单击展开【UVW Map】，单击【Gizmo】，单击 ⟳，将贴图坐标沿 Z 轴的垂直面旋转 90°，关闭 ⟳，如图 4-13 所示。

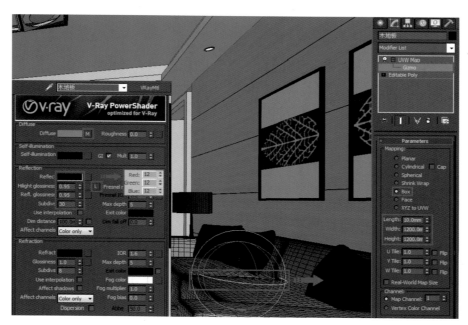

图 4-13

5. 选择"乳胶漆"材质，单击【Diffuse】色块，设置【Red】：250，【Green】：250，【Blue】：250，设置【Refl.glossiness】：0.98，设置【Subdivs】：50，选择模型"吊顶、墙面"，单击 🖉，如图 4-14 所示；单击"镜面"，单击【Diffuse】色块，设置【Red】：121，【Green】：121，【Blue】：121，单击【Reflect】色块，设置【Red】：215，【Green】：215，【Blue】：215，单击 L，设置【Hilight glossiness】：0.99，

设置【Refl.glossiness】：0.9，设置【Subdivs】：30，选择模型"镜面"，单击 🖼️，如图4-15所示。

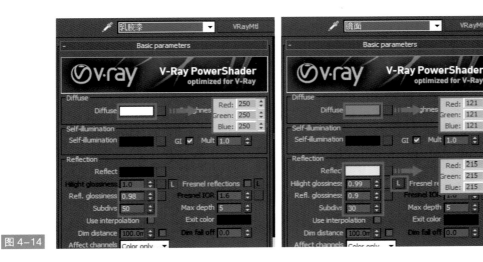

图4-14　　　　　　　　　　　　　　　　　　　　　图4-15

6.选择"电视柜一"材质，单击【Diffuse】后小方块，添加文件名为"柚木树：柚木.jpg"，单击【Reflect】色块，设置【Red】：35，【Green】：35，【Blue】：35，单击 🅛，设置【Hilight glossiness】：0.85，设置【Refl.glossiness】：0.85，设置【Subdivs】：30，选择模型"电视柜一、台灯柜、茶几面、餐桌、餐椅腿"，单击 🖼️，如图4-16所示；单击"不锈钢"材质，单击【Diffuse】色块，设置【Red】：52，【Green】：52，【Blue】：52，单击【Reflect】色块，设置【Red】：206，【Green】：206，【Blue】：206，设置【Refl.glossiness】：0.85，设置【Subdivs】：20，选择模型"电视柜二、沙发腿、茶几腿、门把手、台灯罩"，单击 🖼️，如图4-17所示。

图4-16　　　　　　　　　　　　　　　　　　　　　图4-17

7.单击模型"电视柜一"，添加【UVW Map】，勾选【Box】，设置【Length】：250，【Width】：6000，【Height】：200，利用相同的操作，设置"台灯柜"【Length】：600，【Width】：600，【Height】：150，"茶几面"【Length】：800，【Width】：500，【Height】：1000，"餐桌"【Length】：250，【Width】：6000，【Height】：200，如图4-18所示。

Length: 250.0mn　Length: 600.0mn　Length: 800.0mn　Length: 250.0mn
Width: 6000.0m　　Width: 600.0m　　Width: 500.0m　　Width: 6000.0m
Height: 200.0mn　Height: 150.0mn　Height: 1000.0m　Height: 200.0mn

图4-18

8. 选择"靠垫一"材质，单击【Diffuse】后小方块，单击【Falloff】，单击【OK】，单击【Falloff Parameters】面板下的第一个【None】，添加文件名为：靠垫1.jpg的贴图，单击 🎨，单击【Falloff Parameters】下白色色块，设置【Red】：184，【Green】：102，【Blue】：102，单击🎨，在【Reflection】下设置【Subdivs】：50，选择模型"靠垫1、台布"，单击🖼，分别对每个模型进行【UVW Map】坐标调整，使其纹理真实，如图4-19所示。

图 4-19

9. 利用相同的方法，单击"靠垫二"，单击【Falloff】，单击【OK】，【Falloff Parameters】面板下第一个【None】，添加文件名为"靠垫2.jpg"的贴图，设置白色色块为【Red】：148，【Green】：148，【Blue】：148，选择模型"靠垫2"，如图4-20所示，单击🖼，并进行【UVW Map】坐标调整，使其纹理真实。

图 4-20

10. 选择"沙发布"材质，单击【Diffuse】后小方块，添加文件名为"沙发布.jpg"的贴图，设置【Subdivs】：50，选择模型"沙发布、餐椅"，单击🖼，如图4-21所示，并分别对每个物体进行【UVW Map】坐标调整，使其纹理真实，三个坐标参考值为：500。

选择"窗帘一"材质，单击【Diffuse】色块，设置【Red】：67，【Green】：44，【Blue】：25，单击【Diffuse】后小方块，添加文件名为"窗帘布.jpg"的贴图，设置【Subdivs】：50，选择模型"窗帘"，单击🖼，如图4-22所示，对其作【UVW map】贴图坐标调整，使其纹理真实。

图 4-21

图 4-22

11. 选择"纱窗"材质，单击【Diffuse】色块，设置【Red】：218，【Green】：235，【Blue】：249；单击【Reflect】色块，设置【Red】：22，【Green】：22，【Blue】：22；单击 L，设置【Refl. glossiness】：0.8，设置【Subdivs】：50；单击【Refract】色块，设置【Red】：235，【Green】：235，【Blue】：235，设置【Glossiness】：0.5，设置【Subdivs】：12，开启【Affect shadows】，选择模型"纱窗"，单击 ，如图 4-23 所示。

选择"阳台护栏玻璃"材质，单击【Diffuse】色块，设置【Red】：29，【Green】：59，【Blue】：82；单击【Reflect】色块，设置【Red】：10，【Green】：10，【Blue】：10；单击 L，设置【Refl. glossiness】：0.8，单击【Refract】色块，设置【Red】：170，【Green】：170，【Blue】：170，开启【Affect shadows】，选择模型"阳台护栏玻璃"，单击 ，如图 4-24 所示。

图 4-23

图 4-24

12. 选择"移门框"材质，参数设置如图 4-25 所示，选择模型"移门框、护栏"，单击 ；选择"移门玻璃"材质，参数设置如图 4-26 所示，选择模型"移门玻璃"，单击 。

图 4-25

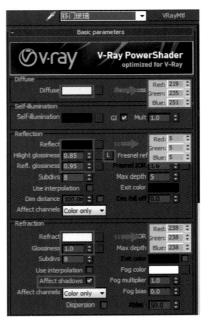

图 4-26

注意：透明材质，需在【Refraction】下开启影响阴影模式，让物体产生透明阴影。

13. 选择新材质球，单击【Standard】按钮，选择【Multi/Sub-Object】，单击【OK】，在弹出的对话框中单击【Replace Material】下【OK】，将其命名为"盆栽"，单击【Set Number】，设定数目：4，单击【OK】，在【Name】一栏里分别将4个材质命名为"树叶、树干、泥土、花盆"，如图4-27所示。

图 4-27

14. 单击"树叶"材质，在【Diffuse】后小方块，添加文件名为"树叶.jpg"贴图，单击▓，单击▓，单击【Reflect】色块，设置【Red】：20，【Green】：20，【Blue】：20，设置【Refl.glossiness】：0.7，单击【Refract】后小方块，添加文件名为"树叶 refract.jpg"贴图，单击【Output】，勾选【Invert】，单击▓，设置【Glossiness】：0.2，单击【Maps】，设置【Refraction】：20，左键按住【Map#34841(树叶 refract.jpg)】并下拉至【Bump】处，勾选【Instance】后单击【OK】，设置【Bump】：150，如图4-28所示。

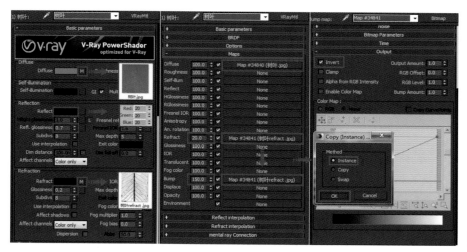

图 4-28

15. 单击▓，选择"树干"材质，单击【Diffuse】后小方块，添加文件名为"树干.jpg"贴图，单击【Maps】，单击【Bump】后贴图槽，添加文件名为"树干.jpg"的贴图，设置【Bump】：80。

选择"泥土"材质，单击【Diffuse】后小方块，添加文件名为"泥土.jpg"的贴图，单击【Map】，单击【Bump】后贴图槽，添加文件名为"泥土.jpg"，设置【Bump】：100。

选择"花盆"材质，单击【Diffuse】色块，设置【Red】：20，【Green】：20，【Blue】：20，在【Reflection】下单击【Reflect】，设置【Red】：210，【Green】：210，【Blue】：210，设置【Refl.glossiness】：0.85，设置【Subdivs】：12。以上三点如图4-29所示。

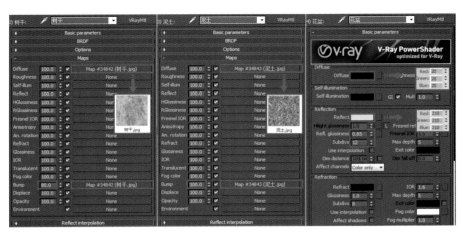

图 4-29

16. 单击按钮■，选择场景中的"盆栽"，单击按钮■，切换 Perspective 视图，在【Editable Poly】下单击■，选择树叶部分，打开【Polygon: Material IDs】，设置【Set ID】: 1，鼠标移开在空白处单击确认。同样的操作，将模型树干部分的 ID 设置为 2、模型泥土部分的 ID 设置为 3、模型花盆部分的 ID 设置为 4，完成材质和模型的 ID 匹配，如图 4-30 所示。

图 4-30

17. 参照第 13 步过程，完成"液晶电视"多维材质设置，选择"黑色边框"材质，单击【Diffuse】色块，设置【Red】: 12，【Green】: 12，【Blue】: 12；单击【Reflect】，设置【Red】: 10，【Green】: 10，【Blue】:

10，单击 L，设置【Hilight glossiness】：0.85，如图 4-31 所示。

图 4-31

18. 选择 "灰色金属材质"，单击【Diffuse】色块，设置【Red】：107，【Green】：107，【Blue】：107；单击【Reflect】色块，设置【Red】：20，【Green】：20，【Blue】：20；单击 L，设置【Hilight glossiness】：0.5，设置【Refl.glossiness】：0.55，如图 4-32 所示。

选择 "屏幕" 材质，单击【Diffuse】色块，设置【Red】：10，【Green】：10，【Blue】：10；单击【Reflect】色块，设置【Red】：30，【Green】：30，【Blue】：30；单击 L，设置【Hilight glossiness】：0.9，如图 4-33 所示。

选择 "不锈钢" 材质，单击【Diffuse】色块，设置【Red】：235，【Green】：235，【Blue】：235；单击【Reflect】色块，设置【Red】：215，【Green】：215，【Blue】：215；单击 L，设置【Hilight glossiness】：0.7，设置【Refl.glossiness】：0.55；设置【Subdivs】：15，如图 4-34 所示，选择场景中 "液晶电视"，单击，参照第 16 步过程，将 "液晶电视" 按照对应的材质进行 ID 匹配设置。

图 4-32～图 4-34

19.选择新材质球,参照第13步过程,完成"装饰画"多维材质设置,选择"磨砂不锈钢"材质,单击【Diffuse】色块,设置【Red】：20、【Green】：20、【Blue】：20,单击【Reflect】色块,设置【Red】：18、【Green】：18、【Blue】：18,单击 L,设置【Hilight glossiness】：0.9,如图 4-35 所示。

选择 "画1" 材质,单击【Diffuse】后小方块,添加文件名为 "装饰画.jpg" 的贴图,单击【Reflect】色块,设置【Red】：25、【Green】：25、【Blue】：25,单击 L,设置【Hilight glossiness】：0.55,设置【Refl. glossiness】：0.65,如图 4-36 所示。

选择 "画2" 材质,单击【Diffuse】色块,设置【Red】：255、【Green】：255、【Blue】：255,单击【Reflect】色块,设置【Red】：15、【Green】：15、【Blue】：15,单击 L,设置【Hilight glossiness】：0.5,设置

【Refl.glossiness】：0.65，如图 4-37 所示，选择模型"装饰画"，单击 ，参照第 16 步过程，将"装饰画"按照对应材质进行 ID 匹配。

图 4-35~ 图 4-37

20. 选择新材质球，参考第 13 步过程，完成"客厅吊灯"多维材质设置，选择"金属"材质，单击【Diffuse】色块，设置【Red】：52，【Green】：52，【Blue】：52；单击【Reflect】色块，设置【Red】：206，【Green】：206，【Blue】：206；设置【Refl.glossiness】：0.85，设置【Subdivs】：10，如图 4-38 所示。

选择"灯纱"材质，单击【Diffuse】色块，设置【Red】：218，【Green】：235，【Blue】：249；单击【Reflect】色块，设置【Red】：22，【Green】：22，【Blue】：22，单击 ，设置【Refl.glossiness】：0.8，设置【Subdivs】：12；单击【Refract】色块，设置【Red】：235，【Green】：235，【Blue】：235，设置【Glossiness】：0.5，设置【Subdivs】：12，勾选【Affect shadows】，如图 4-39 所示。

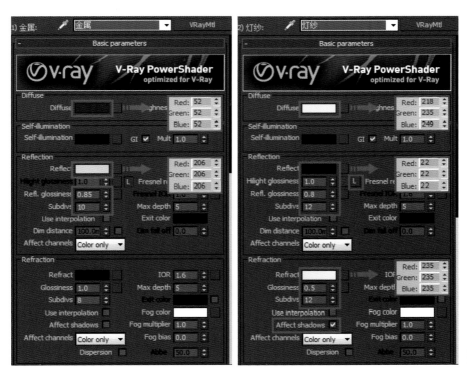

图 4-39

21. 选择"吸顶灯玻璃"材质，单击【Diffuse】色块，设置【Red】：250，【Green】：252，【Blue】：253，单击【Reflect】色块，设置【Red】：62，【Green】：62，【Blue】：62；单击 ，设置【Hilight glossiness】：0.82；单击【Refract】色块，设置【Red】：254，【Green】：249，【Blue】：240，勾选【Affect shadows】，如图 4-40 所示。选择"白灯油漆"材质，单击【Diffuse】色块，设置【Red】：255，【Green】：255，【Blue】：255；单击【Reflect】色块，设置【Red】：22，【Green】：22，【Blue】：22；单击 ，设置【Hilight glossiness】：0.85，如图 4-41 所示，选择"客厅吊灯"模型，单击 ，参照第 16 步过程，将"客厅吊灯"按照对应的材质进行 ID 匹配。

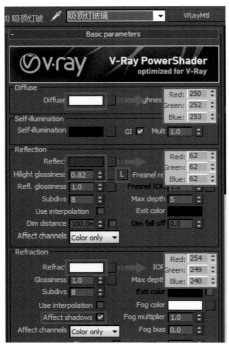

图 4-40

图 4-41

22. 参照第 13 步过程，完成"餐厅吊灯"多维材质设置，选择"金属"材质，单击【Diffuse】色块，设置【Red】：15，【Green】：15，【Blue】：15；单击【Reflect】色块，设置【Red】：178，【Green】：178，【Blue】：178，单击【L】，设置【Hilight glossiness】：0.69，设置【Refl.glossiness】：0.85，如图 4-42 所示。

选择"灯罩玻璃"材质，单击【Diffuse】色块，设置【Red】：193，【Green】：223，【Blue】：251；单击【Reflect】色块，设置【Red】：81，【Green】：81，【Blue】：81；单击【L】，设置【Hilight glossiness】：0.82，设置【Subdivs】：50；单击【Refract】色块，设置【Red】：242，【Green】：242，【Blue】：242，勾选【Affect shadows】，如图 4-43 所示，选择模型"餐厅吊灯"，单击按钮【 】，参照第 16 步过程，将"餐厅吊灯"按照对应的材质进行 ID 匹配设置。

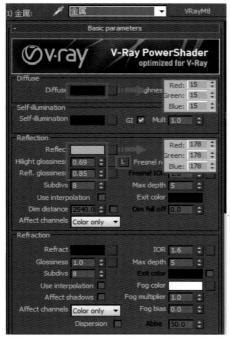

图 4-42

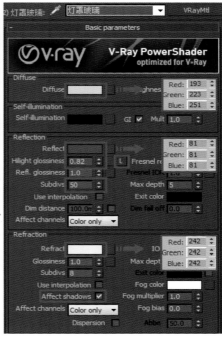

图 4-43

23.选择新材质，参照第 13 步过程，完成"射灯"多维材质设置，选择"射灯不锈钢"材质，单击【Diffuse】色块，设置【Red】: 161,【Green】: 161,【Blue】: 161; 单击【Reflect】色块，设置【Red】: 188,【Green】: 188,【Blue】: 188, 设置【Refl.glossiness】: 0.85, 如图 4-44 所示；选择"发光片"材质，单击【Standard】, 打开【V-Ray】栏，选择【VRayLightMtl】材质，单击【OK】,【VRayLightMtl】下参数为默认如图 4-45 所示；选择模型"射灯"，单击 ，参照第 16 步图过程，将"射灯"按照对应的材质进行 ID 匹配设置。

图 4-44　　　　　　　　　　　　　　　　　　　　　　　　　　　图 4-45

24.切换到 Top 视图，在客厅沙发位置创建【Plan】平面，设置参数【Length】: 3350,【Width】: 2400, 设置【Length Segs】: 32,【Width Segs】: 25; 单击 ，命名为"地毯"，添加【Noise】，调整【Strength】参数【X】: 1.0,【Y】: 1.0,【Z】: 1.0, 将"地毯"模型对齐到地板面上，调整"地毯"模型位置，如图 4-46 所示。

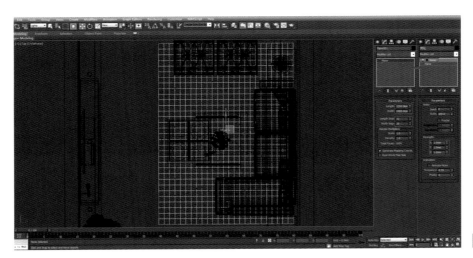

图 4-46

25.选中【Plan】"地毯"，单击 ，在下拉选项里选择【V-Ray】面板，单击【VRayFur】按钮创建"VRayFur001"，设置参数【Length】: 35.0,【Thickness】: 2.5,【Gravity】: -0.324,【Bend】: 0.94, 在【Distribution】下勾选【Per face】，设置参数为: 38, 如图 4-47 所示；选择"地毯"材质，单击【Diffuse】色块，设置【Red】: 166,【Green】: 166,【Blue】: 166; 设置【Subdivs】: 30, 选择模型"地毯、VRayFur001"单击 ，如图 4-48 所示。

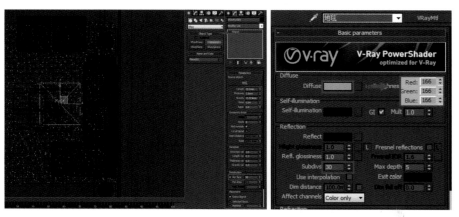

图 4-47　　　　　　　　　　　　　　　　　　　　　图 4-48

26. 单击菜单栏【Rendering】，单击【Environment】，在弹出的对话框中勾选【Use Map】，在【Environment Map】下单击【None】按钮，在【Maps】下单击【Gradient】，单击【OK】，如图 4-49 所示。

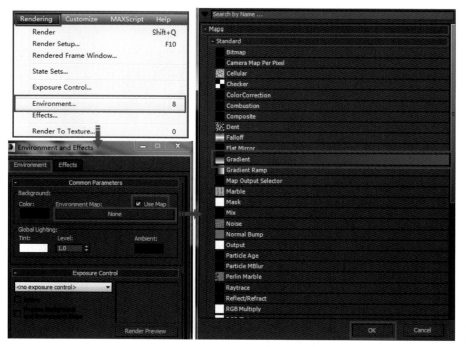

图 4-49

27. 左键按住【Environment and Effects】对话框中"Gradient"材质，拖至空白材质球上再松开鼠标，在弹出的对话框中勾选【Instance】，单击【OK】，关闭【Environment and Effects】对话框，将材质命名为"外景"，在【Coordinates】下选择【Environ】选项，单击【Gradient Parameters】栏下【Color #1】色块，设置【Red】：5，【Green】：83，【Blue】：242；单击【Color #2】色块，设置【Red】：195，【Green】：229，【Blue】：249；单击【Color #3】色块，设置【Red】：251，【Green】：229，【Blue】：201，如图 4-50 所示。

切换 Camera001 视图，单击显示模式【Shaded+Edged Faces】，单击【Viewport Background】，在弹出的对话框中单击【Environment Background】，将设置好的外景材质显示在视图里，使得窗外的环境成为模拟环境光贴图的天空，如图 4-51 所示。

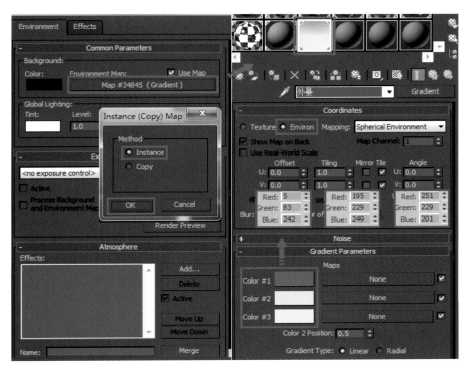

图 4-50

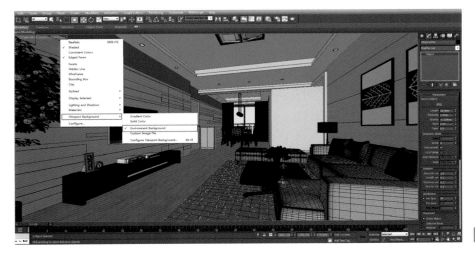

图 4-51

4.3 虚拟布光技术运用

室内布光相对于室外布光来说，有一定的规律可循：一般来说，向南的阳台或窗体，均为阳光的入口，其他侧的窗或门洞，均为天光（环境光）入口；吊灯、筒灯、射灯、台灯等灯源则是依靠灯光的来源布置。布光时，不能只考虑到把场景照亮，应注意光线的明暗搭配，冷暖对比，使得室内场景更加丰富，突出气氛。本章布光主要介绍 VRay 灯光与 3ds Max 光域网二者结合起来的应用。

4.3.1 阳光与天光的设置

1. 切换 Top 视图，单击 ![icon] 面板，单击灯光按钮 ![icon]，设置下拉菜单为【VRay】，在【Object Type】下单击【VRaySun】，在如图 4-52 所示位置创建光源，并在弹出的对话框中单击【否】结束操作；切换 Left 视图，单击移动按钮 ![icon]，将"VRaySun001"控制点沿 Y 轴向上移至视图中所示位置，单击 ![icon] 面板，在【VRaySun Parameters】下设置【intensity multiplier】：0.03，设置【shadow subdivs】：5，如图 4-53 所示。

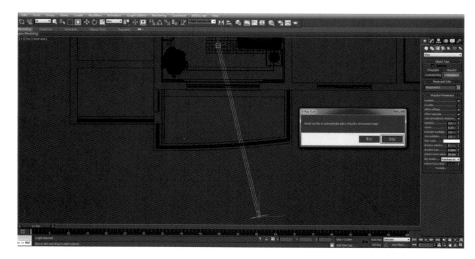

图 4-52

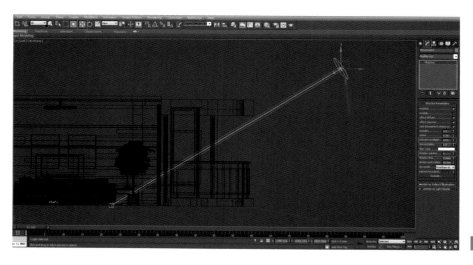

图 4-53

2. 切换 Front 视图，选择客厅阳台的"移门框、阳台护栏"，单击右键选择【Hide Unselected】，单击 面板，单击【VRayLight】，创建"VRayLight001"，如图 4-54 所示；切换 Top 视图，单击右键选择【Unhide All】，单击移动按钮 ✛，将"VRayLight001"沿 Y 轴向上移至视图位置，单击 ▨ 面板，在【Parameters】下设置【Multiplier】：10，在【Size】下设置【Half-length】：2330，【Half-width】：1280，勾选【Invisible】，如图 4-55 所示。

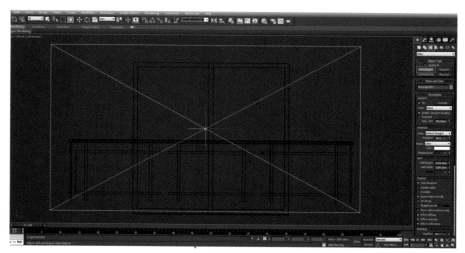

图 4-54

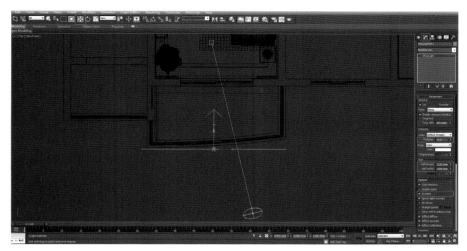

图 4-55

3. 切换 Front 视图，选择餐厅阳台的"移门框、护栏"，单击右键选择【Hide Unselected】，单击 ◈ 面板，单击【VRayLight】，创建"VRayLight002"，如图 4-56 所示；切换 Top 视图，单击右键选择单击【Unhide All】，单击移动按钮 ✛，将"VRayLight002"沿 Y 轴向上移至视图位置，单击 ◢ 面板，在【Parameters】下设置【Multiplier】：8，在【Size】下设置【Half-length】：1490，【Half-width】：1280，如图 4-57 所示；单击镜像按钮 M，弹出对话框设置【Mirror Axis】：Y，单击【OK】结束操作，如图 4-58 所示。

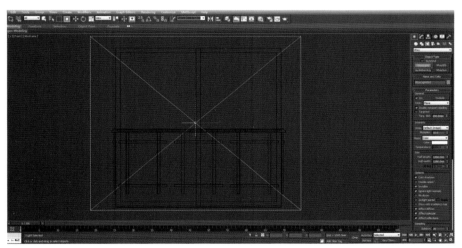

图 4-56

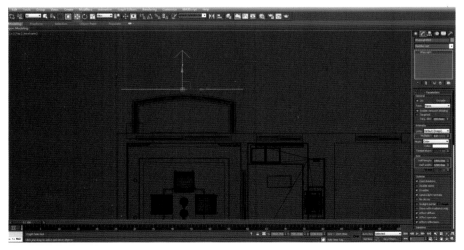

图 4-57

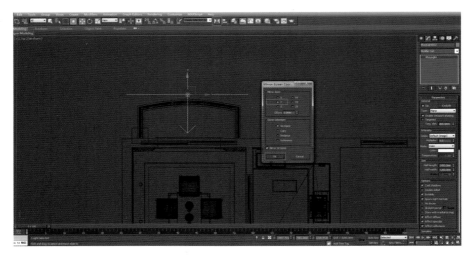

图 4-58

4.切换 Front 视图,选择厨房的"窗框",单击右键选择【Hide Unselected】,单击 ✲ 面板,单击【VRayLight】,创建"VRayLight003", 如图 4-59 所示;切换 Top 视图, 单击右键选择【Unhide All】, 单击移动按钮 ✛, 将"VRayLight003"沿 Y 轴向上移至视图位置,单击 ◪ 面板,在【Size】下设置【Half-length】: 745, 【Half-width】: 1280, 如图 4-60 所示。单击镜像按钮 ▐▌,单击【OK】,如图 4-61 所示。

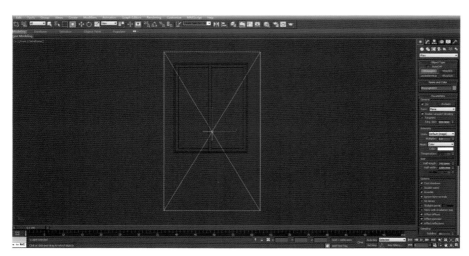

图 4-59

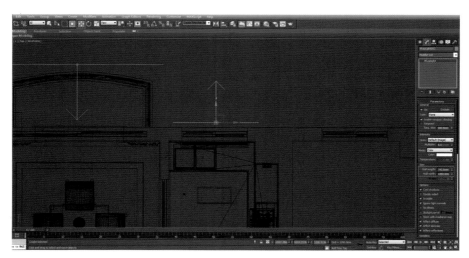

图 4-60

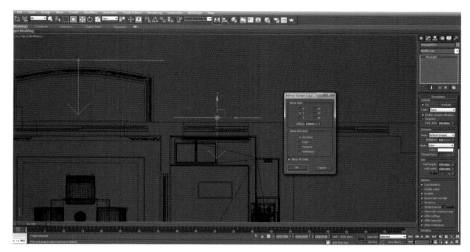

图 4-61

4.3.2 暗藏灯带的设置

1. 选择"客厅吊顶"模型，单击右键选择【Hide Unselected】，单击 ✳ 面板，单击【VRayLight】，创建"VRayLight004"，如图 4-62 所示；单击移动按钮 ✛，按快捷键【Shift】，沿 X 轴实例复制"VRayLight005"至视图位置，在弹出的对话框中单击【OK】结束操作，如图 4-63 所示。

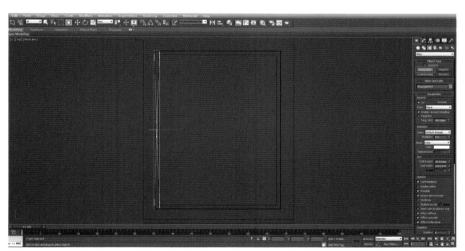

图 4-62

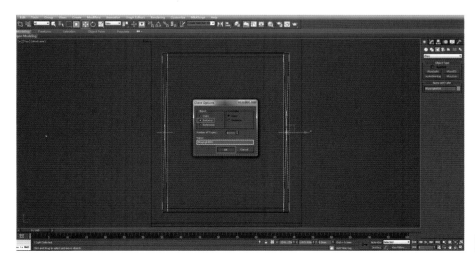

图 4-63

2. 单击 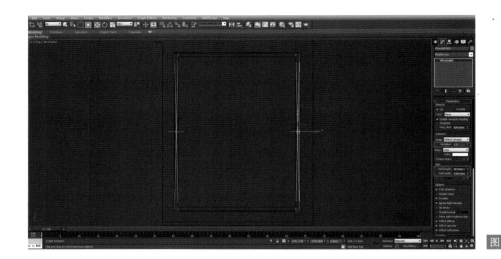 面板，在【Parameters】下设置【Multiplier】：1.5，在【Size】下设置【Half-length】：50，【Half-width】：2160，如图 4-64 所示；切换 Front 视图，选择面光源"VRayLight004、VRayLight005"，单击镜像按钮 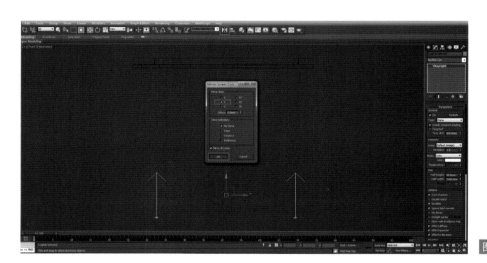，在弹出的对话框中设置【Mirror Axis】：Y，单击【OK】结束操作，如图 4-65 所示；沿 Y 轴移动至如图 4-66 所示位置，单击右键选择【Unhide All】。

图 4-64

图 4-65

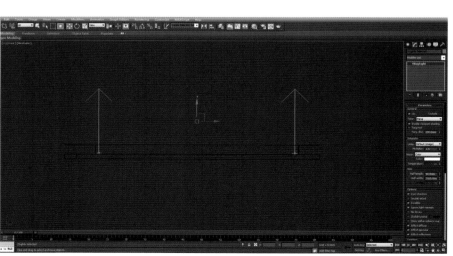

图 4-66

3. 切换 Top 视图，单击 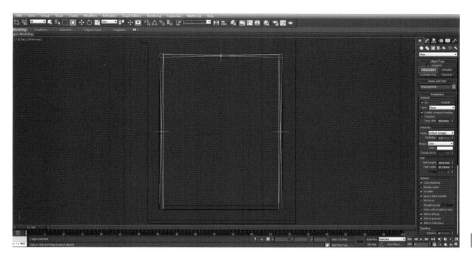面板，单击【VRayLight】，在客厅吊顶位置创建 VRay 面光源"VRayLight006"，如图 4-67 示；单击移动按钮 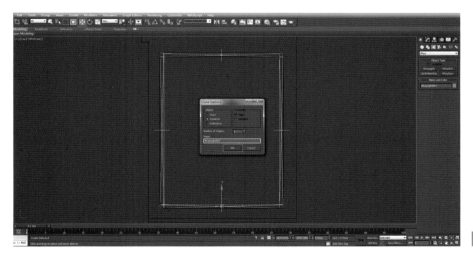，按住【Shift】键，沿 Y 轴向下实例复制"VRayLight007"，在弹出的对话框中单击【OK】结束操作，如图 4-68 所示；单击 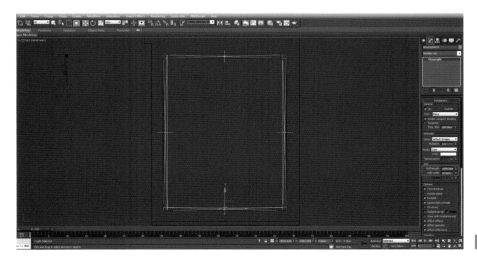面板，在【Size】下设置【Half-length】：1655，【Half-width】：50，如图 4-69 所示。

图 4-67

图 4-68

图 4-69

4. 切换 Front 视图，选择面光源"VRayLight006、VRayLight007"，单击镜像按钮，在弹出的对话框中设置【Mirror Axis】：Y，单击【OK】，如图 4-70 所示；沿 Y 轴向上移动至如图 4-71 所示位置，单击右键选择【Unhide All】。

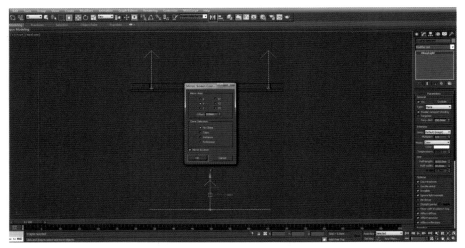

图 4-70

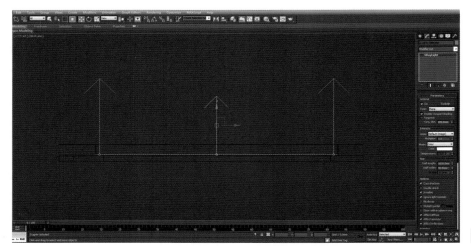

图 4-71

5. 切换 Top 视图，参考第 1-4 步过程，在"餐厅吊顶"位置创建面光源"VRayLight008、VRayLight009"，其高度保持与客厅灯带高度一致，打开 面板，仅在【Size】下设置【Half-length】：45，【Half-width】：1550，如图 4-72 所示。

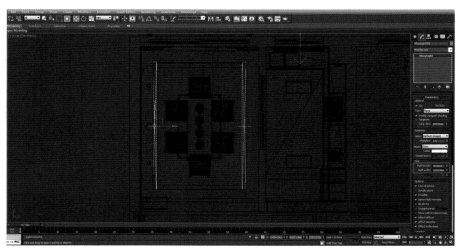

图 4-72

6.同上一步操作，在"餐厅吊顶"创建 "VRayLight010、VRayLight011"，其高度与客厅灯带一致，单击 ▨ 面板，仅设置【Half-length】: 1130，【Half-width】: 45，如图 4-73 所示。

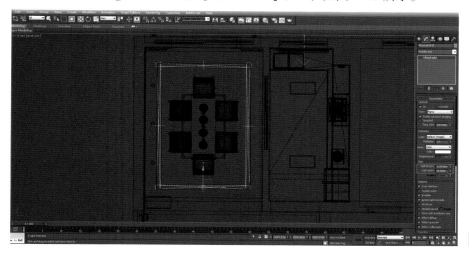

图 4-73

4.3.3 餐厅厨房主灯的设置

1.选择"厨房主灯"模型，单击右键选择【Hide Unselected】，单击 ▨ 面板，单击【VRayLight】，在如视图中所示位置创建 "VRayLight012"，如图 4-74 所示；切换 Front 视图，单击移动按钮 ▨，将其沿 Y 轴向上移至视图位置，单击 ▨ 面板，在【Parameters】下设置【Multiplier】: 9，设置【Half-length】: 300，【Half-width】: 150，如图 4-75 所示。

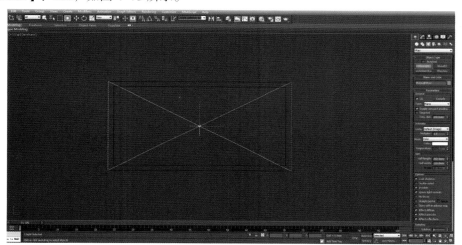

图 4-74

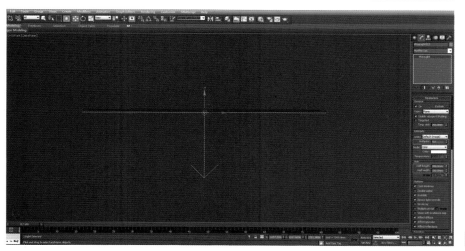

图 4-75

2. 切换 Top 视图，右键单击【Unhide All】，单击移动按钮 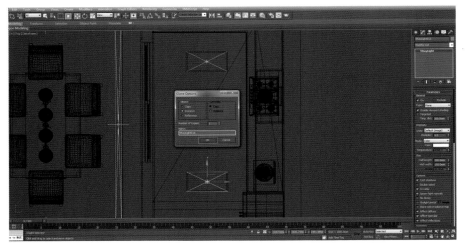，按住【Shift】键，沿 Y 轴实例复制 "VRayLight013" 至视图位置，在弹出的对话框中单击【OK】结束操作，如图 4-76 所示；选择 "餐厅吊灯" 模型，单击右键选择【Hide Unselected】，单击 面板，如视图中所示位置创建光源 "VRayLight014"，如图 4-77 所示。

图 4-76

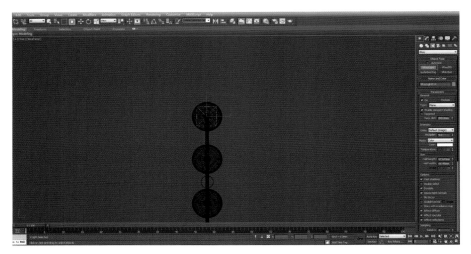

图 4-77

3. 切换 Front 视图，单击移动按钮 ，将 "VRayLight014" 沿 Y 轴移至如图 4-78 所示位置，单击 面板，更改【Type】下拉菜单为【Sphere】，设置【Multiplier】：10，【Radius】：47。

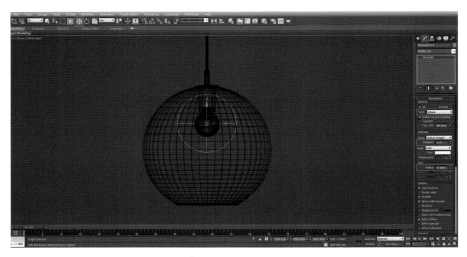

图 4-78

4. 切换 Top 视图，单击移动按钮 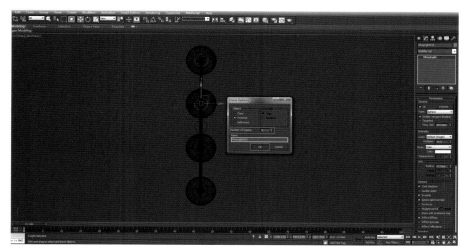，按快捷键【Shift】，沿 Y 轴向下实例复制，在弹出的对话框中单击【OK】结束操作，设置【Number of Copies】：3，实例复制"VRayLight015"、"VRayLight016"、"VRayLight017"到如图 4-79 所示位置。

图 4-79

4.3.4 射灯的设置

1. 单击右键选择【Unhide All】，选择"射灯"，单击右键选择【Hide Unselected】，单击 面板，在下拉菜单中选择【Photometric】，单击【Free Light】创建"PhotometricLight001"，如图 4-80 所示。

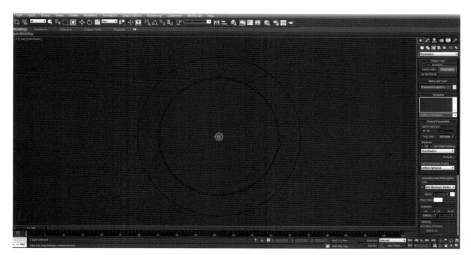

图 4-80

2. 切换 Front 视图，单击移动按钮 ，将"PhotometricLight001"沿 Y 轴向上移至视图位置，勾选【On】，更改下拉菜单为【VRayShadow】，更改下拉菜单为【Photometric Web】，单击【ChoosePhotometric File】添加"KV.C7303G"，单击【Filter Color】色块，设置【Red】：254，【Green】：240，【Blue】：215；设置【cd】：13000，勾选【Area shadow】，设置【U size】：30，【V size】：30，【W size】：30，如图 4-81 所示；切换 Top 视图，单击右键选择【Unhide All】，将"PhotometricLight001"实例复制如图 4-82 所示，并适当降低右侧过道部分筒灯高度。

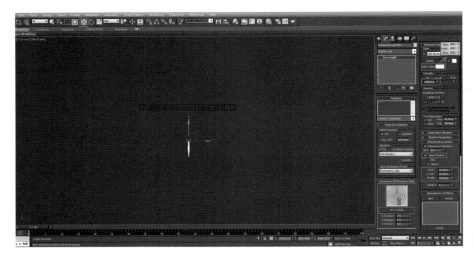

图 4-81

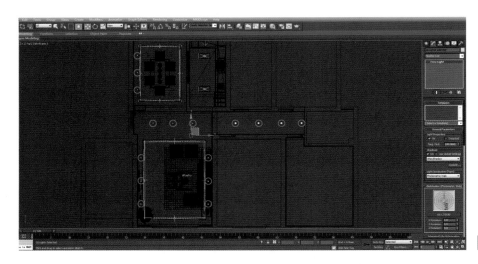

图 4-82

3.选择"台灯罩"，单击右键选择【Hide Unselected】，单击 面板，单击【Free Light】创建光源"PhotometricLight017"，如图 4-83 所示。

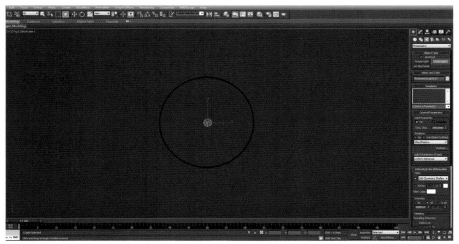

图 4-83

4.切换 Left 视图，单击移动按钮 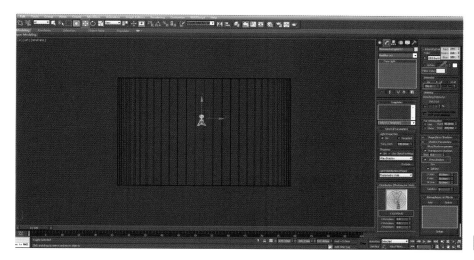，将"PhotometricLight017"沿 Y 轴移至视图位置，单击【Choose Photometric File】将光域网文件更改为"11(1500cd)"，单击【Filter Color】色块，设置【Red】：244、【Green】：226、【Blue】：189，设置【cd】：700，设置【U size】：50、【V size】：50、【W size】：50，如图 4-84 所示；切换 Perspective 视图，单击右键选择【Unhide All】，将"PhotometricLight017"实例复制"PhotometricLight018"，如图 4-85 所示。

图 4-84

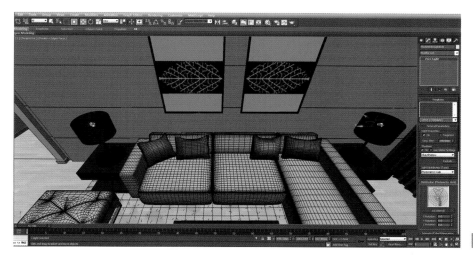

图 4-85

4.4 全局光照引擎设置

全局光照（GI）全称是 Global illumination，是一种高级照明技术，能够模拟真实世界光能传递现象。通过主光源投射到室内场景中并循环反弹成若干次级光照信息，分别计算室内的各个角落，直至达到设定的光照强度要求才会终止传递信息，此光照计算过程对计算机硬件条件要求较高。

4.4.1 引擎的初步设置

对于室内空间渲染而言，想要达到预期的渲染效果，需要对材质、灯光、相机视图分别进行逐步的调整，根据效果反复测试，直到能够达到较为满意的效果，所以，对渲染引擎的设置分为初步测试设置和最终出图设置。

1.单击渲染面板按钮 ，弹出渲染面板并单击【Common】项，在【Output Size】下设置【Width】：

800，【Height】：490，并单击锁定按钮 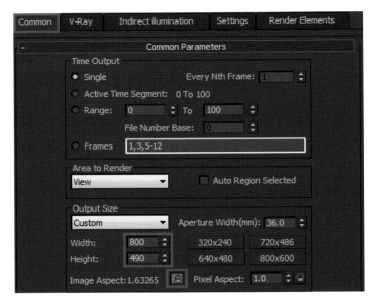，锁定其长宽比例，如图 4-86 所示；单击渲染面板按钮 ，
单击【V-Ray】项，在【V-Ray::Frame buffer】下勾选【Enable built-in Frame Buffer】，如图 4-87 所示。

图 4-86

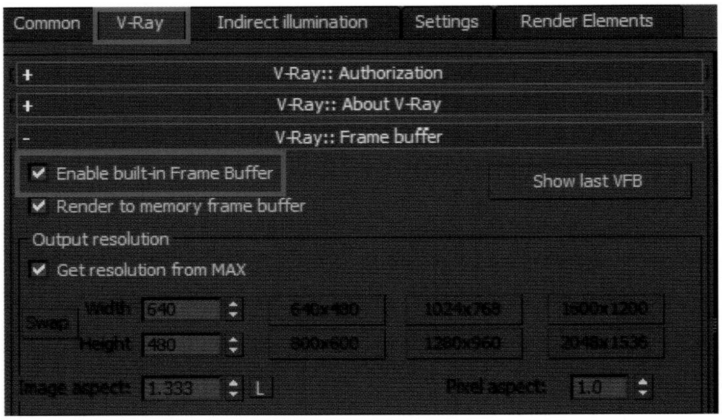

图 4-87

2. 在【V-Ray::Image sampler (Antialiasing)】下设置【Type】：【Fixed】，取消勾选【Antialiasing filter】
下【On】，如图 4-88 所示；在【V-Ray::Environment】下勾选【GI Environment (skylight) override】组下【On】
选项，如图 4-89 所示；在【V-Ray::Color mapping】下设置【Type】：【Reinhard】，如图 4-90 所示。

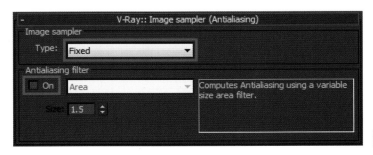

图 4-88

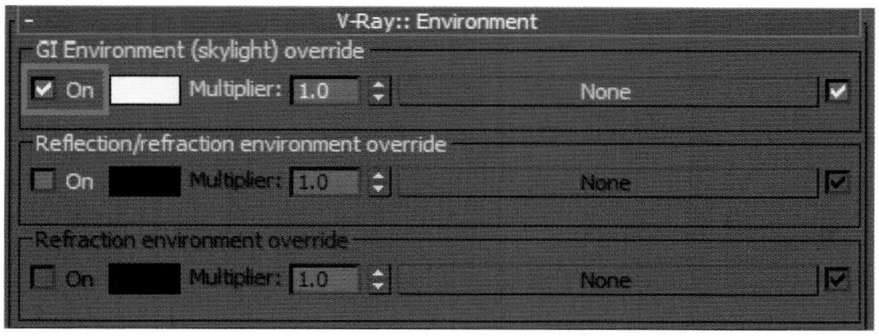

图 4-89

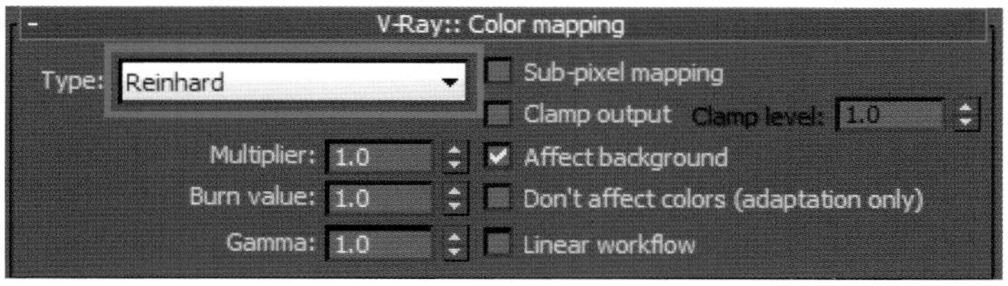

图 4-90

3. 单击【Indirect illumination】项，在【V-Ray::Indirect illumination(GI)】下勾选【On】，设置【GI engine】为【Light cache】，如图 4-91 所示；在【V-Ray::Irradiance map】下设置【Current preset】：【Low】，设置【HSph.subdivs】：20，勾选【Show calc.phase】选项，如图 4-92 所示；在【V-Ray::Light cache】下设置【Subdivs】：200，勾选【Show calc.phase】，设置【Filter】：None，如图 4-93 所示。

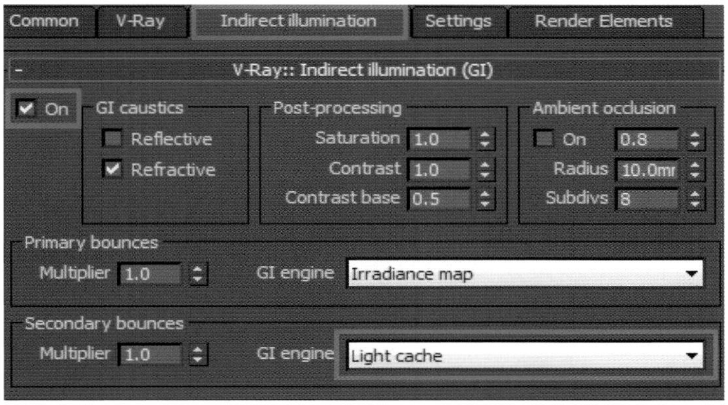

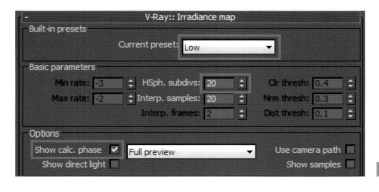

图 4-91

图 4-92

图 4-93

注意：测试渲染的参数以及渲染图片的大小可以按照电脑的配置来设置，如果电脑配置比较好，则可以设置稍微高一点的测试渲染参数。

4. 测试参数设置完毕，单击渲染按钮 ，等待测试渲染结果，如图 4-94 所示；切换 Camera002 视图，单击渲染按钮 ，等待测试渲染结果，如图 4-95 所示。

图 4-94

图 4-95

4.4.2 引擎的最终设置

1. 单击【Common】项，在【Output Size】下仅设置【Width】：2000，如图 4-96 所示；单击【V-Ray】项，在【V-Ray::Image sampler(Antialiasing)】下设置【Type】：【Adaptive DMC】，还原勾选【Antialiasing filter】下【On】选项，设置【Catmull-Rom】，如图 4-97 所示。

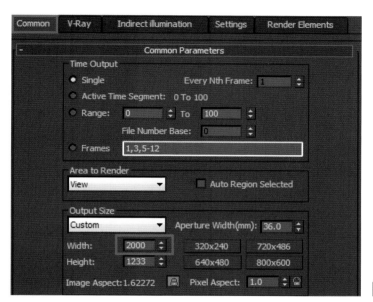

图 4-96

图 4-97

2. 单击【Indirect illumination】项，在【V-Ray::Irradiance map】下设置【Current preset】：【High】，还原设置【HSph. subdivs】：50，如图 4-98 所示；在【V-Ray::Light cache】下设置【Subdivs】：1500，如图 4-99 所示。

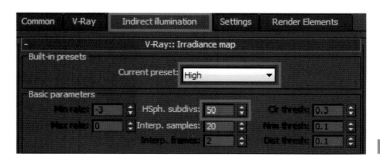

图 4-98

图 4-99

3. 单击【Settings】项，在【V-Ray::DMC Sampler】下设置【Adaptive amount】: 0.75，【Noise threshold】: 0.005，【Min samples】: 15，如图 4-100 所示；为了提高渲染速度，提高计算机的内存使用，需要在 VRay 系统设置里提高内存使用限制值，在【V-Ray::System】下设置【Render region division】下【X】: 128，增大渲染块，图 4-101 所示。

图 4-100

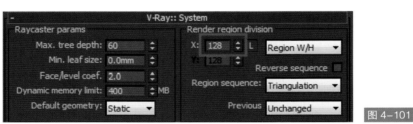

图 4-101

4. 单击渲染按钮 ，等待最终渲染结果，如图 4-102 所示；单击保存按钮 ，在弹出的对话框中选择保存类型格式为 ".bmp" 文件，命名文件名为 "相机一"，单击【保存】，如图 4-103 所示；在弹出的对话框中勾选【RGB 24 位 (1670 万色)】选项，单击【确定】结束操作，如图 4-104 所示。

图 4-102

图 4-103

图 4-104

5. 参照第 4 步过程，完成另一角度渲染，保存为"相机二.bmp"文件，如图 4-105 所示。

图 4-105

4.4.3 渲染通道的设置

1. 单击材质编辑按钮 ![icon]，打开材质编辑面板，单击材质球"白枫"，单击【VRayMtl】，将"白枫"更改为【Standard】，如图 4-106 所示；单击【Blinn Basic Parameters】下【Diffuse】后色块，设置【Red】：255，【Green】：0，【Blue】：0，设置【Self-Illumination】下【Color】值：100，如图 4-107 所示；用相同方法逐步将场景中的材质进行不同颜色的【Standard】材质设置，场景中相近的物体尽量选用对比较大的颜色进行设置，颜色尽量选用纯色，完成后如图 4-108 所示。

图 4-106

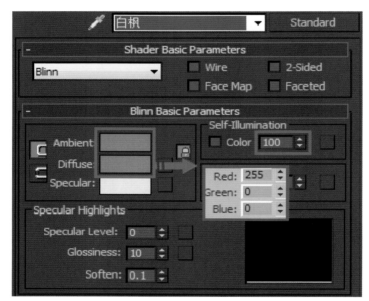

图 4-107

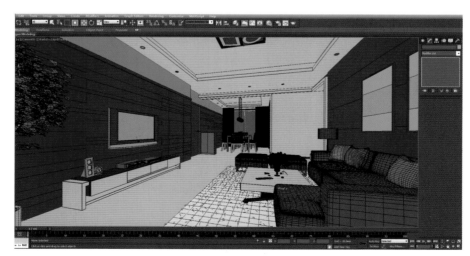

图 4-108

　　2. 随着 3ds Max 插件不断更新，通道贴图可以通过"材质通道生成器"完成，单击菜单栏【MAXScript】，选择【Run Script…】，如图 4-109 所示；在弹出的对话框中找到目录文件："材质通道转换 .mse"文件，单击【Open】打开，如图 4-110 所示；单击弹出的【深圳 -- 不论场景材质数量 !!】对话框，单击【是】按钮，接着单击【确定】结束操作，完成材质通道转换，如图 4-111 所示。

图 4-109

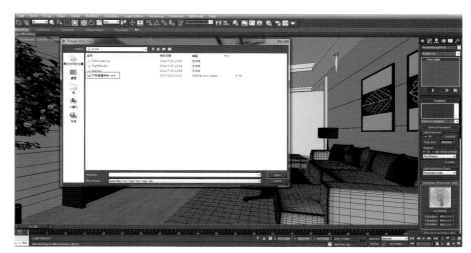

图 4-110

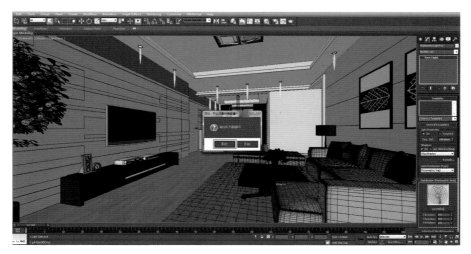

图 4-111

注意：效果图渲染的通道设置，是为了便于在 Photoshop 中建立选区进行调整，在做通道设置时，需要将 3ds Max 文件进行副本备份，防止覆盖原先模型文件。网络上关于材质通道的插件版本较多，只需选择操作简单且运行顺畅的插件即可。

3. 单击【V-Ray】项，在【V-Ray::Global switches】下设置【Default lights】后下拉选项为【On】，如图

4-112 所示；在【V-Ray::Image sampler(Antialiasing)】下设置【Type】：【Fixed】，取消勾选【Antialiasing filter】下【On】选项，如图 4-113 所示。

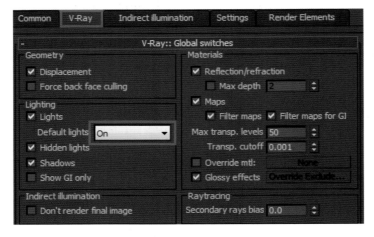

图 4-112

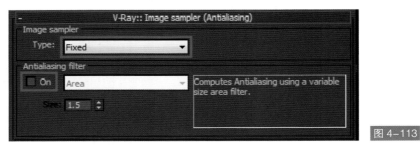

图 4-113

4. 单击【V-Ray::Environment】栏，取消勾选【GI Environment (skylight) override】项下的【On】选项，关闭环境光，如图 4-114 所示；单击【Indirect illumination】项，在【V-Ray:: Indirect illumination（GI）】下取消勾选【On】选项，关闭【V-Ray:: Indirect illumination（GI）】引擎，如图 4-115 所示。

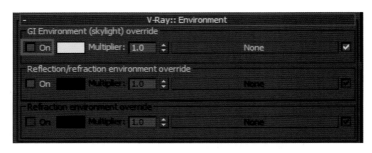

图 4-114

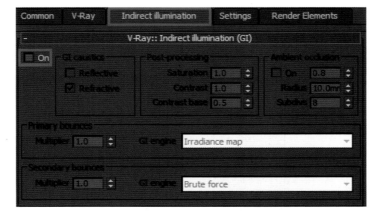

图 4-115

5. 在选择集选择【Light】，按快捷键【Ctrl+A】全选并按快捷键【Delete】删除，单击渲染按钮 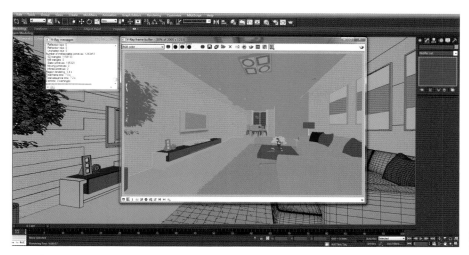，渲染"相机一"与"相机二"通道图，如图 4-116 所示，然后保存为"相机一通道.bmp"，并将选择集里的【Light】更改为【All】；利用相同的方法，渲染另一角度，如图 4-117 所示，然后保存为"相机二通道.bmp"。

图 4-116

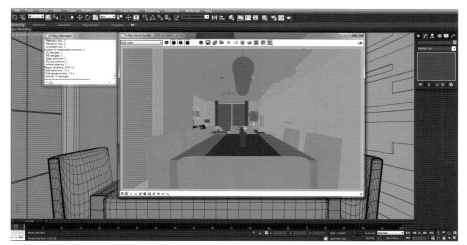

图 4-117

注意：通道插件中计算材质颜色的方法是随机的，在完成通道材质颜色计算之后，可以渲染成图后再观察，是否有比较相近的颜色的材质在相邻的位置，此状况不利于后期制作中通道图层的选择控制，因此，重新运行通道插件，重新操作便可重新计算材质颜色，可以解决此类问题。

4.5 效果图后期调整

完成最终渲染以及通道渲染以后，进入后期的调整，后期制作软件主要是 Adoble 公司的 Photoshop。Photoshop 的版本很多，无论是什么版本，都不影响效果图的后期调整，此处选用比较新的版本 Adoble Photoshop CS6 版本作为教程使用。

4.5.1 利用通道进行某一材质选区选择

在正式进行后期处理之前，先进行一番简单的分析、规划，可以使各阶段的编辑处理相互照应，避免顾此失彼或者前后矛盾。

1. 打开 Adoble Photoshop 软件，单击菜单栏【文件】，单击【打开】，在弹出的对话框中选择文件"相机一.bmp"、"相机一通道.bmp"文件，并单击【打开】结束操作，如图 4-118 所示。

图 4-118

2. 单击"相机一通道 .bmp @ 50%(RGB/8)"窗口，按【Ctrl+A】将窗口文件全选，按【Ctrl+C】进行复制，单击"相机一 .bmp @ 50%(RGB/8)"窗口，按【Ctrl+V】进行粘贴，双击图层【背景】，在弹出的对话框中【新建图层】，单击【确定】，如图 4-119 所示。

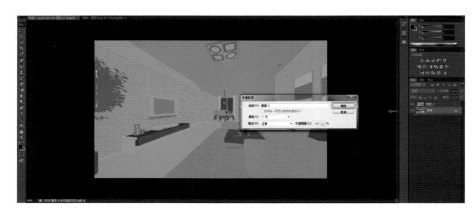

图 4-119

3. 单击图层【图层 1】将其拖动到【图层 0】的下方，改变图层之间的先后顺序，如图 4-120 所示。

图 4-120

4. 选择【图层 1】，按快捷键【W】，选择魔棒工具，调整选择像素大小为：40 像素，在吊顶白色乳胶漆区域单击进行区域选择，如图 4-121 所示；单击【选择】，在下拉菜单里选择【选取相似】，如图 4-122 所示。

图 4-121

图 4-122

4.5.2 对选择区域进行预期效果调整

1. 单击【图层 0】，利用图层通道，按快捷键【W】魔棒工具，点取吊顶及墙面乳胶漆区域，在选择区域右键，选择单击【羽化】，在弹出的对话框中设置【羽化半径】：2，单击【确定】，如图 4-123 所示；单击【图层 1】，单击【图像】，选择【调整】，选择【曲线】，在弹出的对话框中适当提亮并单击【确定】，如图 4-124 所示，按快捷键【Ctrl+D】取消选择区域。

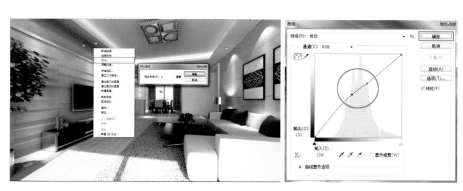

图 4-123 图 4-124

注意：曲线是用来表示和控制图像中各亮度值，最左端是表示暗部，最右端表示亮部，中间部分表示灰部（中间调）。改变曲线的形状就能改变图像各部分的亮度值。在调节曲线的同时也会相应增强对比度，因此在调节的过程中，需要考虑画面的层次关系，尽可能减少因调节曲线产生的画面噪点。

2.参照步骤1，对白枫材质的墙面进行如图4-125所示的曲线调整，适当提亮并单击【确定】；单击【图像】下【调整】，选择【亮度/对比度】，在弹出的对话框中设置【亮度】：2，【对比度】：18，单击【确定】，如图4-126所示；完成对"白枫"木饰面的后期调整，如图4-127所示。

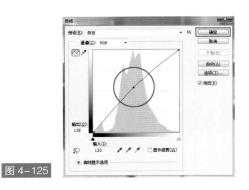

图 4-125

图 4-126

图 4-127

3.利用通道选择地毯，对其进行曲线调整，适当提亮并单击【确定】，单击【图像】下【调整】，选择【亮度/对比度】，在弹出的对话框中设置【亮度】：3，【对比度】：10，单击【确定】，如图4-128，图4-129所示；用同样的方法，对植物进行曲线调整并单击【确定】，接着进行亮度/对比度调整，设置【亮度】：6，【对比度】：-6，单击【确定】，如图4-130，图4-131所示。

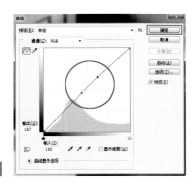

图 4-128

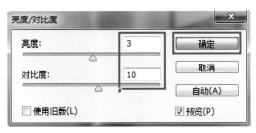

图 4-129

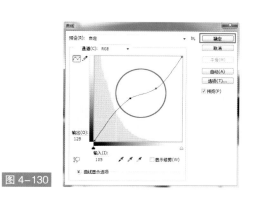

图 4-130

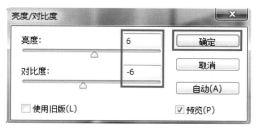

图 4-131

4. 选择茶几以及电视柜，对其进行曲线调整并单击【确定】，接着进行亮度 / 对比度调整，设置【亮度】：5，【对比度】：-2，单击【确定】，如图 4-132，图 4-133 所示。

图 4-132

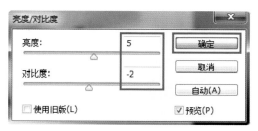

图 4-133

5. 利用通道，选择吊顶及墙面乳胶漆区域，单击【图像】下【调整】，选择【可选颜色】，在弹出的对话框中单击颜色栏下拉按钮，选择【白色】，单击【确定】，进行如图 4-134 所示设置，并按快捷键【Ctrl+D】取消选择区域。

图 4-134

6. 对整体画面调整，单击【图像】下【调整】，选择【可选颜色】，在弹出的对话框中分别单击颜色栏下拉按钮，选择【黄色】、【中性色】、【黑色】，进行如图 4-135~ 图 4-137 所示设置并分别单击【确定】；单击【图像】下【调整】，选择【自然饱和度】，设置【自然饱和度】：3，【饱和度】：-4，单击【确定】，如图 4-138 所示。

图 4-135   图 4-136   图 4-137

图 4-138

7. 单击【图像】下【调整】，选择【色相 / 饱和度】，在弹出的对话框中设置【饱和度】：6，【明度】：－2，单击【确定】，如图 4-139 所示。

图 4-139

注意：饱和度是指色彩的生动程度（强度和纯度）。饱和度越大，灰色比例越小，颜色就越鲜艳；反之，当饱和度为 0 时，就是灰色了。

8. 单击图层 1，按快捷键【Ctrl+J】对图层进行复制，单击【图像】下【调整】，选择【亮度 / 对比度】，在弹出的对话框中设置【亮度】：150，【对比度】：100，单击【确定】，如图 4-140 所示；在右侧【图层】面板内调整 "图层 0 副本"【不透明度】：20%，【填充】：40%，如图 4-141 所示。

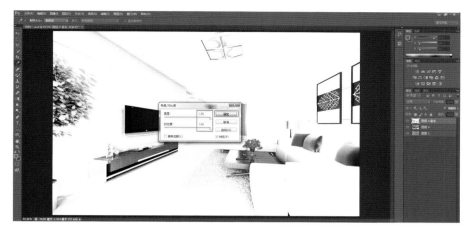

图 4-140

图 4-141

9. 按快捷键【Ctrl+E】，将"图层 0 副本"与"图层 0"合并，单击【滤镜】，选择【锐化】下的【智能锐化】，在弹出的对话框中设置【数量】：20，单击【确定】，如图 4-142 所示。

图 4-142

注意："智能锐化"具有其他锐化没有的控制功能，它可以控制阴影和高光区域锐化量，能避免色晕等问题，如需彩喷大图，该值不宜过大，以免噪点过多影响画面效果。

10. 按照整体感觉，单击【图像】下【调整】，选择【亮度 / 对比度】，在弹出的对话框中设置【亮度】：-8，【对比度】：10，单击【确定】，如图 4-143 所示；单击【图像】下【调整】，选择【色彩平衡】，在弹出的对话框中设置【色阶】：5、-2、-2，单击【确定】，图 4-144 所示。

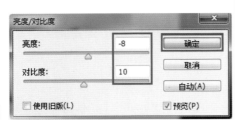

图 4-143

图 4-144

11. 以上步骤完成了对"相机一"效果图的后期调整，"相机二"效果图的后期制作在此不详细介绍，步骤和思路大致相同，运用以上步骤，完成对"相机一"、"相机二"效果图的后期调整，最终结果如图4-145，图 4-146 所示。

图 4-145

图 4-146

小结：效果图后期调整，其目的是视觉效果进行人为强化，增强空间层次关系与艺术感染力，弥补软件出图所不能达到的预期效果。但是，效果图后期制作是需要一定的美学修养，因此，需要大量的练习和一定时间的积累。作为初学者而言需要多观察生活的细节，从而提取更多美学元素与提高自身艺术提炼能力。

FIFTH CHAPTER

Design for Virtual Environment

第五章

第五章 办公空间三维虚拟动画

回顾前四章教学案例,已将基础建模、高级建模、材质灯光、渲染引擎等相关技术作了详细讲解。就技术层面而言,熟练掌握以上方法在专业实践中已能够较好地完成设计静态表现。但是从追求视觉效果的角度出发,若能够以动态形式展现设计理念无疑能将作品艺术性发挥得更加淋漓尽致。近年来,一些大型设计项目都通过动画技术作为突出作品效果的主要途径,生动的分镜语言、震撼的三维特效给观看者带来强烈的视觉冲击力,同时也更能体现出气势恢弘的环境空间。因此,学好三维虚拟动画,将设计作品动态化呈现是十分有必要的。

5.1 漫游虚拟动画分镜设置

一部优秀的三维虚拟动画,镜头设定的好坏对艺术感染力有着举足轻重的地位。镜头设定不仅要稳定流畅,也要具备一定美感。因此需要多关注生活细节,提高镜头语言感悟能力。

5.1.1 分镜一的关键帧设置

1. 在出版社网站 (http://www.seupress.com/index.php?mod=c&s=ss648080f7 或 "东南大学出版社" 官网,土木建筑分社下的 "资源下载" 中) 下载并打开《虚拟环境设计》 "案例 5" 文件,选择 Top 视图,单击▓面板,单击相机按钮▓,在【Object Type】单击【Target】,在视图上创建相机位置,设置【Parameters】下【Stock Lenses】: 20,如图 5-1 所示;切换 Front 视图,单击移动按钮 ▓,将相机控制点与目标点沿 Y 轴向上移动到如图 5-2 所示位置。

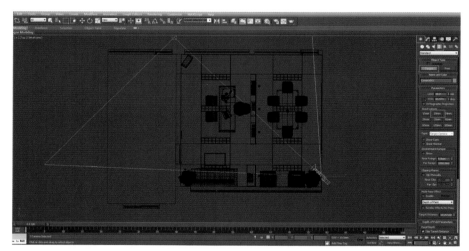

图 5-1

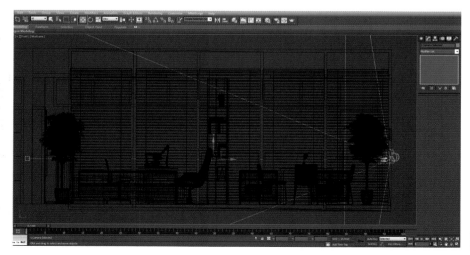

图 5-2

2. 单击时间编辑按扭，弹出对话框在【Frame Rate】下勾选【Custom】，并且设置【FPS】：20，即每秒 20 帧。在【Animation】下【End Time】：120，即镜头时间 6 秒，之后单击【OK】结束操作，如图 5-3 所示；切换 Top 视图，单击自动帧按钮 Auto Key，将时间滑轮移动到 120 帧。将摄像机控制点与目标点分别移动到如图 5-4 所示位置；选择相机控制点与目标点，单击右键，单击【Object Properties】，弹出对话框在【Display Properties】下勾选【Trajectory】，即可打开动画路径，如图 5-5 所示。

图 5-3

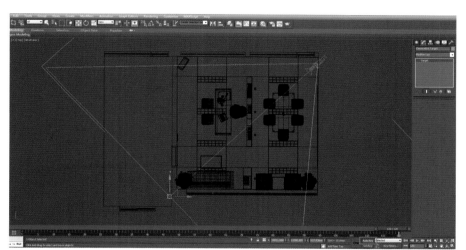

图 5-4

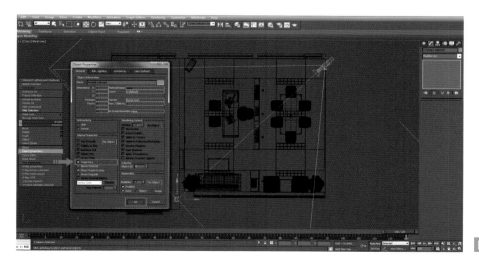

图 5-5

3. 切换 Perspective 视图，按快捷键【C】切换相机模式。单击播放按扭 ▶，可以预览动画，局部帧截图如图 5-6 所示；单击暂停按钮 ⏸ 并将时间轴拖回 0 帧，预览动画方法还可以单击菜单栏【Tools】下的【Preview−Grab Vilewport】，单击【Create Preview Animation】，弹出对话框在【Image Size】下设置【Percent of Output】：120，单击【Create】，输出视频并预览，如图 5-7 所示。

图 5-6

图 5-7

注意：一般来说，以上动画关键帧虽设置简单，但运动却非常平稳，对于一些运动幅度较大的镜头动画而言，关键帧越少越好。而对于运动幅度较小的镜头动画，不妨可以增加一些关键帧。

5.1.2 分镜二的关键帧设置

1. 关闭自动帧按钮 Auto Key，按快捷键【P】切换 Perspective 视图，调整到视图中位置按快捷键【Cterl+C】直接在 Perspective 视图下创建相机视角，在【Parameters】下输入【Lens】：22，如图 5-8 所示；切换 Top 视图，单击时间编辑按扭 ⏱，弹出对话框在【Animation】下【End Time】：160，更改镜头时间为 8 秒，之后单击【OK】结束操作，如图 5-9 所示；关闭自动帧按钮 Auto Key，将时间滑轮移动到 160 帧。将摄像机控制点与目标点分别移动到如图 5-10 所示位置。

图 5-8

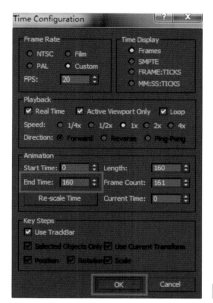

图 5-9

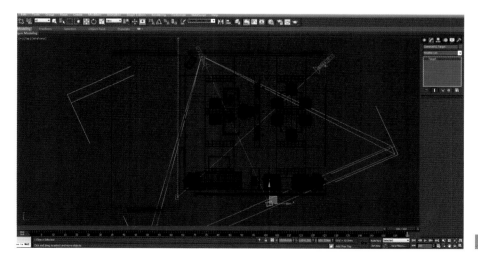

图 5-10

2. 切换 Front 视图，将相机目标点与控制点沿 Y 轴向下移动，如图 5-11 所示，尽可能将其调整为一直线；切换四视图，参考前一小节第 2 步过程，开启相机动画路径，为后继增加关键帧做铺垫，如图 5-12 所示；

切换 Top 视图，将时间轴移动到 90 帧，将相机控制点移动如视图位置，即在原有路径基础上增加一处关键帧，使运动轨迹具备一定弧度，如图 5-13 所示。

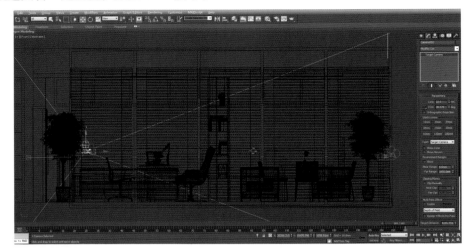

图 5-11

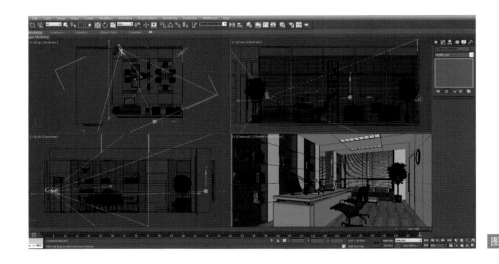

图 5-12

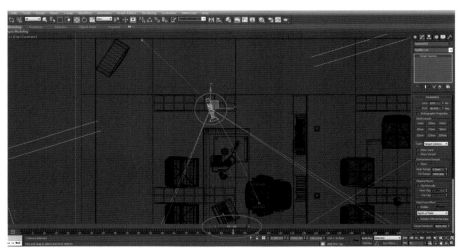

图 5-13

　　注意：Auto Key 在不使用的状态下一定要及时关闭，因为在调整动画过程中很可能无意识地点击或触碰移动模型部件，会造成由于位移或变化所产生不需要存在的动画。

3. 切换 Camera002 视图，按快捷键【Shift+C】消隐全部相机，单击播放按扭 ▶，可以预览动画，局部帧截图如图 5-14 所示。

图 5-14

5.2 变形生长虚拟动画应用

在环境设计三维虚拟动画中，除了完成相机路径动画以外，还可以增加一些趣味性的视觉元素，可以利用局部模型进行运动或变形生长的方式，给整部动画增加视觉亮点。

1. 在 Camera002 视图下，将时间轴移动到 40 帧位置，单击缩放按钮 ▣，将"笔记本模型"缩小，如图 5-15 所示；单击旋转按钮 ◐，将"笔记本"顺时针水平旋转，如图 5-16 所示，尽可能旋转 7 圈以上。

图 5-15

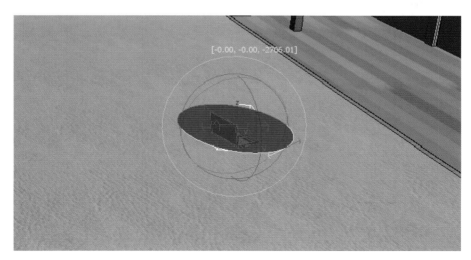

图 5-16

注意：可以发现刚调整完的动画是一个由大变小的顺时针旋转的画，但是笔记本变小后是非常规尺寸，因此需要改为由小变大的逆时针旋转动画，这样具有趣味性亦符合笔记本尺寸。

2.将 0 帧与 40 帧分别向右与向左对调，在对调过程中不可将其重合，不然难以辨析各个帧位，如图 5-17 所示；将时间轴移动到 0 帧，单击右键选择单击【Object Properties】，弹出对话框在【Rendering Control】下设置【Visibility】：0，单击【OK】结束操作，如图 5-18 所示，即改变能见度为无；将时间轴移动到 40 帧，利用同样方法设置【Visibility】：1，单击【OK】结束操作，如图 5-19 所示。

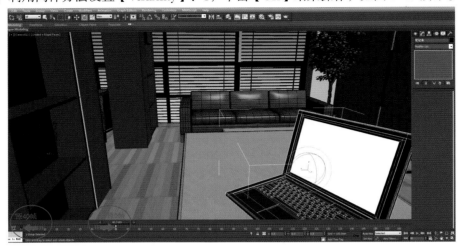

图 5-17

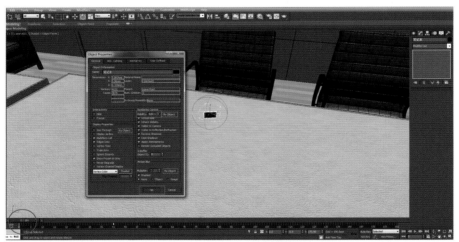

图 5-18

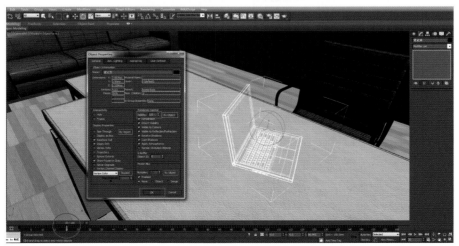

图 5-19

注意：通过以上的方法，可以让"笔记本"不但从小到大逆时针旋转，同时还能从无到有形成一个变化，由于物体运动轨迹较混乱，容易干扰视线，可以暂时不打开路径。

3. 切换 Top 视图，单击移动按钮 ■，选择"便签夹"模型，将时间轴移动到 30 帧，单击单帧记录按钮 ■，即以手动方式记录关键帧，如图 5-20 所示；将时间轴移动到 60 帧，将 "便签夹"移动到视图位置并打开其路径，如图 5-21 所示；切换 Camera002 视图，将"便签夹"仅沿 Y 轴移动至视图位置，单击缩放按钮 ■，将其大致缩小如图 5-22 所示。

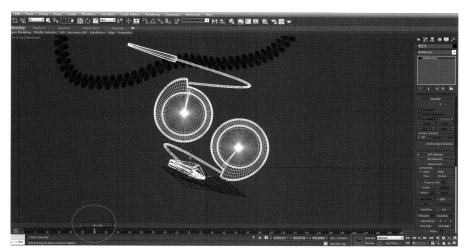

图 5-20

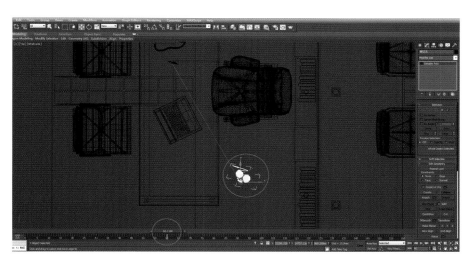

图 5-21

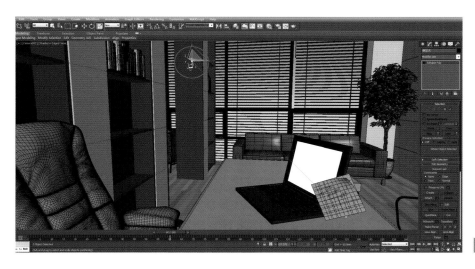

图 5-22

4. 切换 Top 视图，关闭缩放按钮 ，将时间轴移动至 45 帧，单击移动按钮 ，移动"便签夹"至视图位置，之后将 30 帧与 60 帧分别向右与向左对调，如图 5-23 所示；切换 Perspective 视图，适当调整该模型为视图角度，将时间轴移动至 30 帧，单击旋转按钮 ，将模型沿 Y 轴顺时针旋转，如图 5-24 所示；单击右键选择单击【Object Properties】，弹出对话框在【Rendering Control】下设置【Visibility】：0，单击【OK】结束操作，如图 5-25 所示。

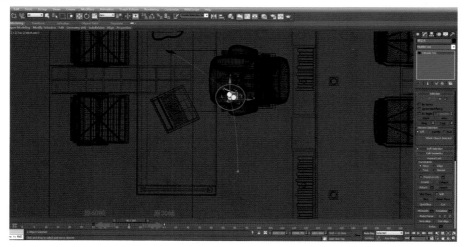

图 5-23

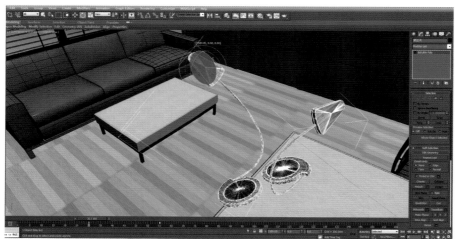

图 5-24

图 5-25

5. 完成以上操作视图中会自动在 0 帧出现关键帧，这是由于在 30 帧设置 Visibility 值，让模型发生了从 0~30 帧的能见度变化所导致，因此将时间轴移至 0 帧，再次设置【Visibility】：0，单击【OK】结束操作，如图 5-26 所示，移动时间轴至 50 帧，设置【Visibility】：1，单击【OK】结束操作，如图 5-27 所示。

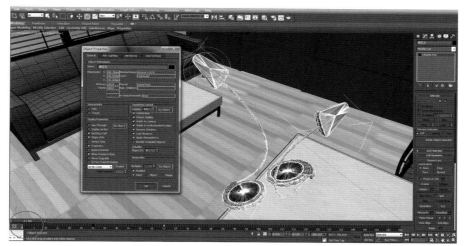

图 5-26

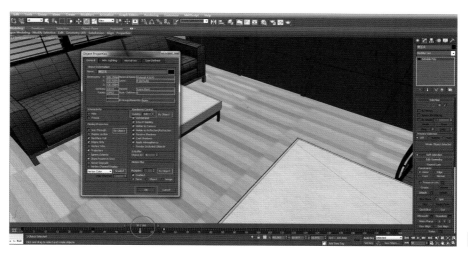

图 5-27

6. 单击移动按钮 ，选择"便签"模型，将时间轴移动到 50 帧，单击单帧记录按钮 ，手动方式记录关键帧，如图 5-28 所示；将时间轴移动到 70 帧，将"便签"沿 Y 轴向上移动并打开其路径，如图 5-29 所示，之后将 50 帧与 70 帧分别向右与向左对调，如图 5-30 所示。

图 5-28

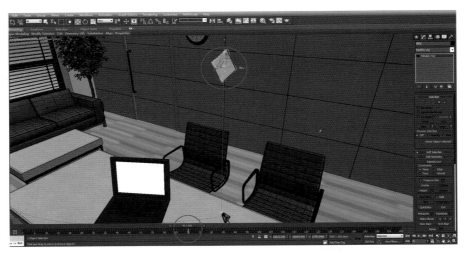

图 5-29

图 5-30

7. 切换 Top 视图，关闭自动帧按钮 ，选择"台灯"模型，单击鼠标右键选择【Hide Selection】，右键单击旋转按钮 ，在弹出的对话框中设置【Offset：Screen】下【Z】：–64.2，如图 5-31 所示；单击菜单栏【Group】，在下拉菜单中单击【Open】，将组合调整为临时可编辑状态，如图 5-32 所示。

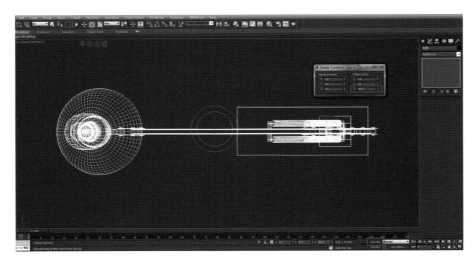

图 5-31

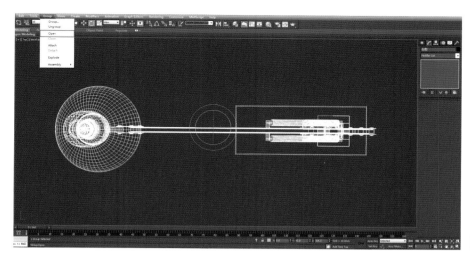

图 5-32

8. 切换 Left 视图，仅选择组合中"灯罩"，单击移动按钮 ，单击坐标按钮，单击【Affect Pivot Only】，将坐标轴移至如图 5-33 所示位置；单击 面板，单击自动帧按钮 Auto Key，将时间轴依次移至 60、70、80 帧，分别单击单帧记录按钮，手动记录关键帧，如图 5-34 所示。

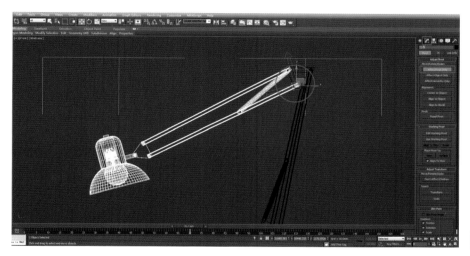

图 5-33

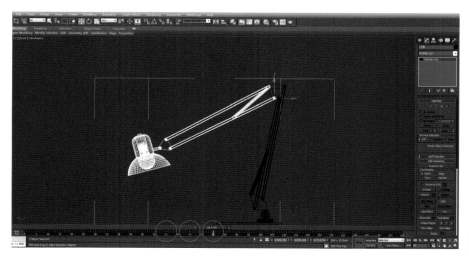

图 5-34

9.将时间轴移至65帧，单击旋转按钮 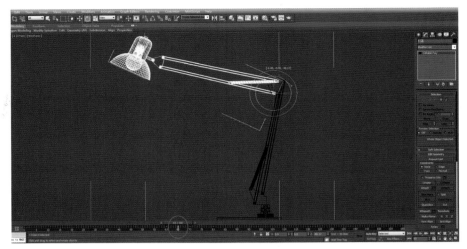，将"灯罩"旋转，如图5-35所示；将时间轴移至75帧，将"灯罩"旋转，如图5-36所示；之后，将65帧与75帧分别向右与向左对调，如图5-37所示。

图 5-35

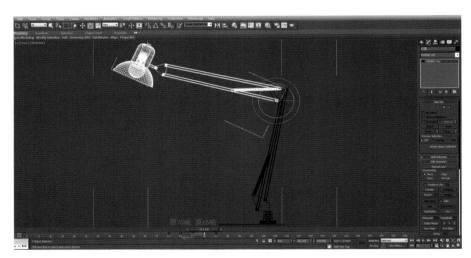

图 5-36

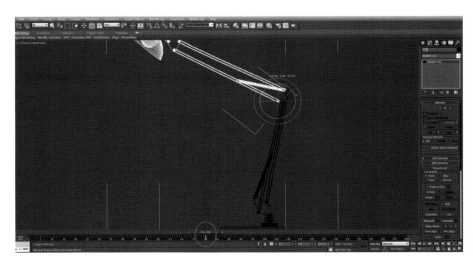

图 5-37

10. 单击菜单栏【Group】，在下拉菜单中单击【Close】，如图5-38所示；右键单击旋转按钮 ⟳，在弹出的对话框中设置【Offset：Screen】下【Z】：64.2，如图5-39所示。

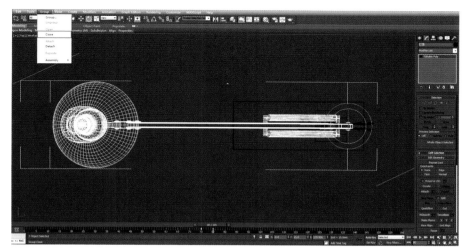

图 5-38

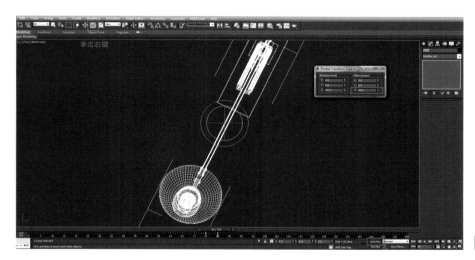

图 5-39

11. 切换 Perspective 视图，右键单击【Unhide All】，选择"电话、办公桌"模型单击右键单击【Hide Selection】，仅选择"电话"模型，将时间在 80 帧，单击自动帧按钮 Auto Key，单击单帧记录按钮 ，手动记录关键帧，如图 5-40 所示；切换 Top 视图，单击移动按钮 ，将时间轴移动至 120 帧，将"电话"移动至视图位置并打开其路径，如图 5-41 所示；切换 Left 视图，将"电话"沿 Y 轴向下移动至视图位置，单击缩放按钮 ，将其缩小，如图 5-42 所示。

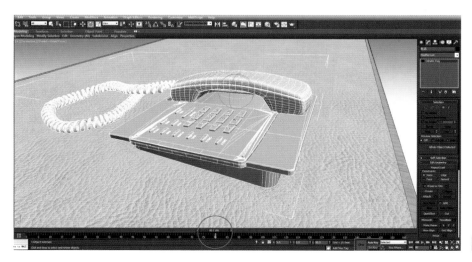

图 5-40

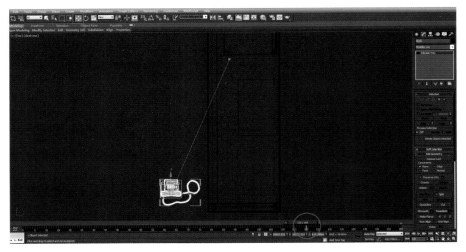

图 5-41

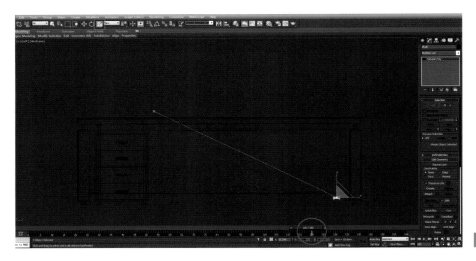

图 5-42

12. 单击移动按钮 ，将时间轴移动至 100 帧，将 "电话" 沿 Y 轴向上移动至视图位置，之后将 80 帧与 120 帧分别向右与向左对调，如图 5-43 所示；切换 Perspective 视图，单击旋转按钮 ⟳，将时间轴移动至 80 帧，将其旋转，如图 5-44 所示。

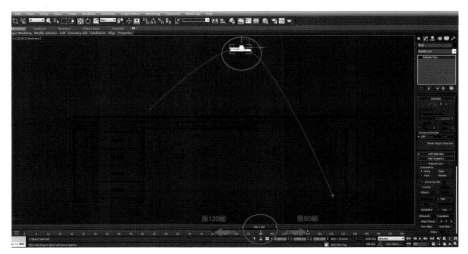

图 5-43

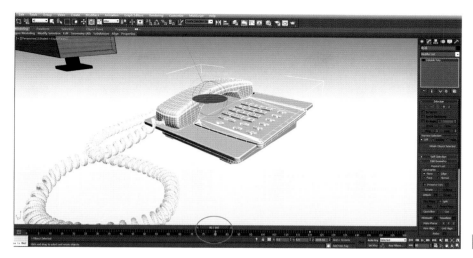

图 5-44

13. 单击右键选择单击【Object Properties】，弹出对话框在【Rendering Control】设置【Visibility】：0，单击【OK】结束操作，如图 5-45 所示；完成以上操作视图中会自动在 0 帧出现关键帧，将时间轴移动至 0 帧，再次设置【Visibility】：0，单击【OK】结束操作，如图 5-46 所示，将时间轴移动至 100 帧，利用同样方法设置【Visibility】：1，单击【OK】结束操作，如图 5-47 所示。

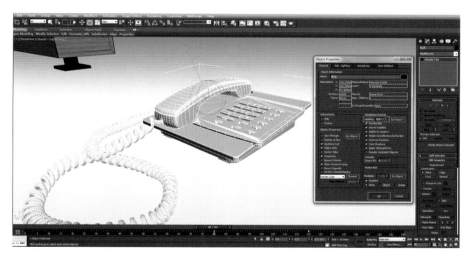

图 5-45

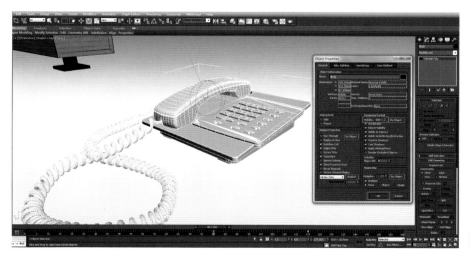

图 5-46

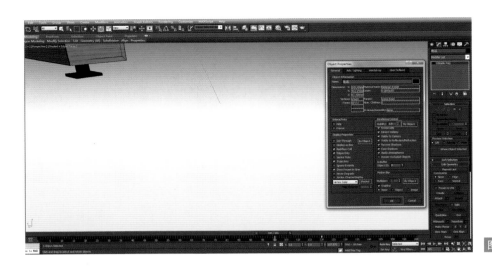

图 5-47

14. 切换 Front 视图，右键单击【Unhide All】，选择"装饰品、办公桌"模型单击右键单击【Hide Selection】，仅选择"装饰品"模型，将时间轴依次在 110、120、130 帧处分别单击单帧记录按钮 ■，手动记录关键帧，如图 5-48 所示；单击移动按钮 ✛，将时间轴移动至 115 帧，将"装饰品"沿 Y 轴向上移动至视图位置并打开其路径，如图 5-49 所示；将时间轴移动至 125 帧，将"装饰品"沿 Y 轴向上移动至视图位置，第二次移动高度比前一次略低即可，如图 5-50 所示。

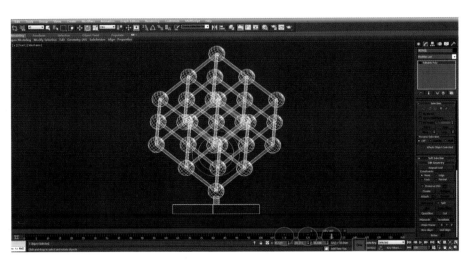

图 5-48

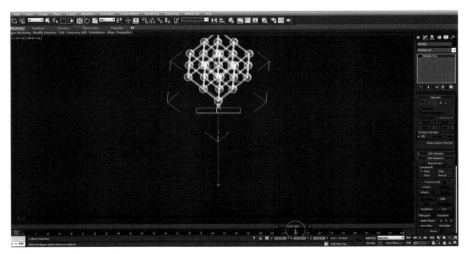

图 5-49

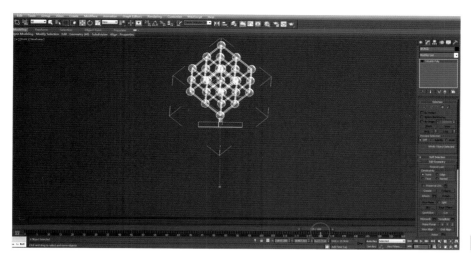

图 5-50

15. 切换 Perspective 视图，将时间轴移动至 110 帧，单击右键选择单击【Object Properties】，弹出对话框在【Rendering Control】设置【Visibility】: 0，单击【OK】结束操作，如图 5-51 所示；将时间轴移动至 0 帧，再次设置【Visibility】: 0，单击【OK】结束操作，如图 5-52 所示；将时间轴移动至 120 帧，利用同样方法设置【Visibility】: 1，单击【OK】结束操作，如图 5-53 所示。

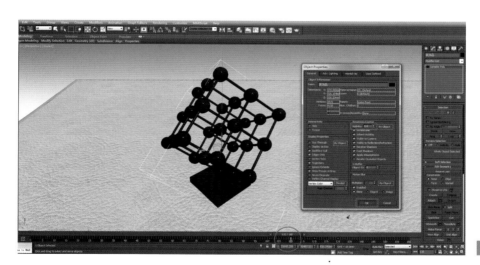

图 5-51

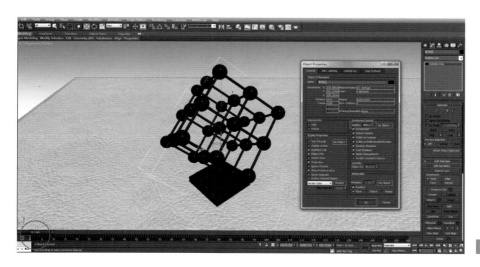

图 5-52

图 5-53

注意：在 Perspective 视图可以直观看到"装饰品"的动画过程，因此选择在该视图下调整可见度，完成动画关键帧调整后关闭 Auto Key，将时间轴移至 160 帧并关闭动画路径。

5.3 动画场景主要材质调整

材质在虚拟动画表达中起着重要作用。在材质表现的过程中，有些初学者可能会认为可以像追求照片效果图那样以较高的参数去表现逼真的效果，但是这样的方法并不适用于动画。这是因为动画是逐帧渲染而成，过高参数不仅会造成计算机高资源消耗，同时也会使动画效果产生闪烁、跳帧等现象。因此在动画场景中设置材质需要找到既能把握好真实感，又能符合动画渲染规律的方法。

1. 切换 Camera002 视图，单击材质编辑按钮 ，选择命名为"白墙"材质，单击【Diffuse】色块，设置【Red】：255，【Green】：255，【Blue】：255，设置【Subdivs】：10，如图 5-54 所示；选择命名为"地胶"材质，单击【Diffuse】后的小方块，添加一个文件名为"地胶 .jpg"的贴图。单击【Reflection】下【Reflect】色块，设置【Red】：60，【Green】：60，【Blue】：60；设置【Refl.glossiness】：0.75，设置【Subdivs】：15，如图 5-55 所示。

图 5-54

图 5-55

2. 选择"采光玻璃"材质，单击【Diffuse】色块，设置【Red】：136，【Green】：185，【Blue】：245；单击【Reflection】下【Reflect】色块，设置【Red】：10，【Green】：10，【Blue】：10。单击 ，设置【Hilight glossiness】：0.85，单击【Refraction】下【Refract】色块，设置【Red】：210，【Green】：210，【Blue】：

210，勾选【Affect shadows】，如图 5-56 所示；选择"高窗玻璃"材质，单击【Diffuse】色块，设置【Red】：92，【Green】：114，【Blue】：102；单击【Reflection】下【Reflect】色块，设置【Red】：5，【Green】：5，【Blue】：5。单击【L】，设置【Hilight glossiness】：0.85，单击【Refraction】下【Refract】色块，设置【Red】：178，【Green】：178，【Blue】：178，勾选【Affect shadows】，如图 5-57 所示。

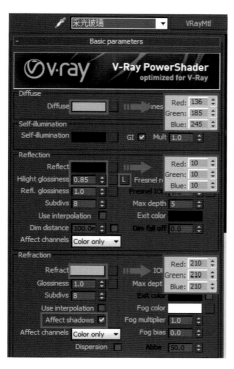

图 5-56

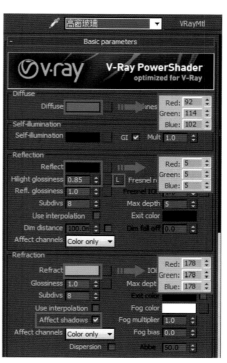

图 5-57

3. 选择"白枫木"材质，单击【Diffuse】后面的小方块，添加一个文件名为"白枫木 .jpg"的贴图。单击【Reflection】下【Reflect】色块，设置【Red】：10，【Green】：10，【Blue】：10；设置【Refl. glossiness】：0.85，如图 5-58 所示；选择"浑水漆"材质，单击【Diffuse】后面的小方块，添加一个文件名为"浑水漆 .jpg"的贴图。单击【Reflection】下【Reflect】色块，设置【Red】：5，【Green】：5，【Blue】：5；设置【Refl.glossiness】：0.85，设置【Subdivs】：10，如图 5-59 所示。

图 5-58

图 5-59

4. 选择"黑色皮革"材质，单击【Diffuse】后小方块，添加一个文件名为"黑色皮革 .jpg"的贴图。单击【Reflection】下【Reflect】色块，设置【Red】：102，【Green】：102，【Blue】：102；单击■，设置【Hilight glossiness】：0.6，设置【Refl.glossiness】：0.55，勾选【Fresnel reflections】，如图 5-60 所示；选择"灰色皮革"材质，单击【Diffuse】后小方块，添加一个文件名为"灰色皮革 .jpg"的贴图。单击【Reflection】下【Reflect】色块，设置【Red】：102，【Green】：102，【Blue】：102；单击■，设置【Hilight glossiness】：0.6，设置【Refl.glossiness】：0.55，勾选【Fresnel reflections】，如图 5-61 所示。

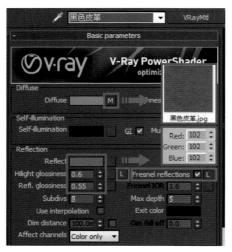

图 5-60　　　　　　　　　　　　　　　　图 5-61

　　5. 选择"白色皮革"材质，单击【Diffuse】后小方块，添加一个文件名为"白色皮革 .jpg"的贴图。单击【Reflection】下【Reflect】色块，设置【Red】：102，【Green】：102，【Blue】：102；单击■，设置【Hilight glossiness】：0.6，设置【Refl.glossiness】：0.55，勾选【Fresnel reflections】，如图 5-62 所示；选择"白色皮革"材质，单击【Diffuse】色块，设置【Red】：32，【Green】：32，【Blue】：32；单击【Reflection】下【Reflect】色块，设置【Red】：35，【Green】：35，【Blue】：35；单击■，设置【Hilight glossiness】：0.85，设置【Refl.glossiness】：0.95，如图 5-63 所示。

图 5-62　　　　　　　　　　　　　　　　图 5-63

　　6. 选择"收边条"材质，单击【Diffuse】色块，设置【Red】：70，【Green】：70，【Blue】：70；单击【Reflection】下【Reflect】色块，设置【Red】：32，【Green】：32，【Blue】：32；设置【Refl.glossiness】：0.85，如图 5-64 所示；选择"不锈钢"材质，单击【Diffuse】色块，设置【Red】：35，【Green】：35，【Blue】：35；单击【Reflection】下【Reflect】色块，设置【Red】：225，【Green】：225，【Blue】：225；设置【Refl.glossiness】：0.85，如图 5-65 所示。

图 5-64

图 5-65

7. 选择"显示屏"材质，单击【Color】后的【None】按钮，添加一个文件名为"显示屏.jpg"的贴图，如图 5-66 所示；选择"灯片"材质，保持默认值即可，如图 5-67 所示。

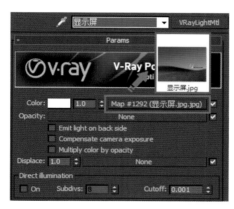

图 5-66

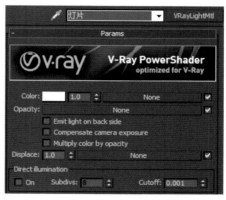

图 5-67

8. 选择"黑色烤漆"材质，单击【Diffuse】色块，设置【Red】：45，【Green】：45，【Blue】：45；单击【Reflection】下【Reflect】色块，设置【Red】：25，【Green】：25，【Blue】：25；单击 **L**，设置【Hilight glossiness】：0.85，设置【Refl.glossiness】：0.95，如图 5-68 所示；选择"百叶窗"材质，单击【Diffuse】色块，设置【Red】：193，【Green】：193，【Blue】：195；单击【Reflection】下【Reflect】色块，设置【Red】：10，【Green】：10，【Blue】：10；单击 **L**，设置【Hilight glossiness】：0.85，设置【Subdivs】：15，如图 5-69 所示。

图 5-68

图 5-69

9.选择"书籍"材质，单击【Diffuse】后小方块，添加一个文件名为"书籍.jpg"的贴图。单击【Reflection】下【Reflect】色块，设置【Red】：10，【Green】：10，【Blue】：10；单击 **L**，设置【Refl.glossiness】：0.98，如图 5-70 所示；选择"电话"材质，单击【Diffuse】色块，设置【Red】：211，【Green】：211，【Blue】：210；单击【Reflection】下【Reflect】色块，设置【Red】：30，【Green】：30，【Blue】：30；单击 **L**，设置【Hilight glossiness】：0.9，如图 5-71 所示。

图 5-70

图 5-71

注意：这样，就完成主要材质的制作过程。在材质细分处理上只给"白墙"、"地胶"、"浑水漆"、"百叶窗"四种主要材质以反射上的细分处理，其他材质均为默认形式。尽量不用或少用类似 Falloff 衰减贴图或 Bump 等凹凸肌理，这样既能满足动画渲染低资源消耗同时也具备一定真实效果。

5.4 动画场景光源布置

5.4.1 阳光与天光的设置

1. 切换 Top 视图，单击 ✲ 面板，单击灯光按钮 ◤，在该图标下方的下拉菜单中将【Standard】更改为【VRay】，在【Object Type】下单击【VRaySun】，如视图中所示位置创建光源，在弹出的对话框中单击【否】结束操作，如图 5-72 所示。

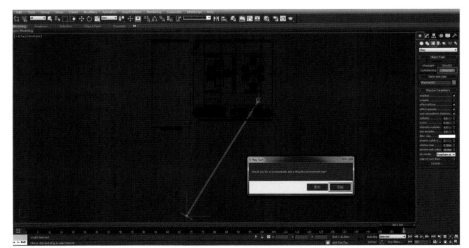

图 5-72

2. 切换 Left 视图，单击移动按钮 ✣，将"VRaySun001"控制点沿 Y 轴向上移至视图中所示位置，单击 ◢ 面板，在【VRaySun Parameters】下设置【intensity multiplier】：0.07，设置光子偏移半径参数【photon

emit radius】：6300，如图 5-73 所示。

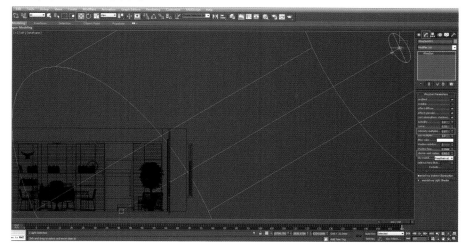

图 5-73

3. 切换 Front 视图，选择 "窗框"，单击右键选择【Hide Unselected】，单击捕捉按钮 ，单击 面板，单击灯光按钮 ，单击【VRayLight】，如图 5-74 所示位置创建光源；切换 Top 视图，单击右键选择【Unhide All】，关闭捕捉按钮 ，单击移动按钮 ，将 "VRayLight001" 沿 Y 轴向上移至视图位置，单击 面板，在【Parameters】下设置【Multiplier】：3，单击【Color】色块，设置【Red】：179，【Green】：205，【Blue】：250，勾选【Invisible】，如图 5-75 所示。

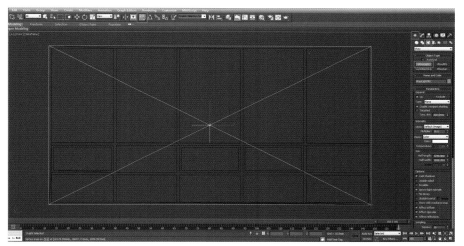

图 5-74

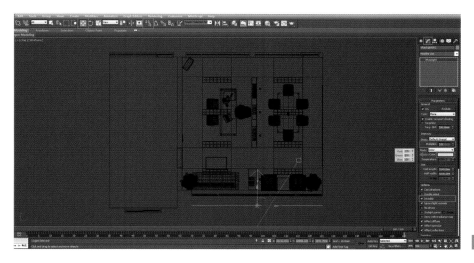

图 5-75

4. 选择 "高窗"，单击右键选择【Hide Unselected】，单击捕捉按钮 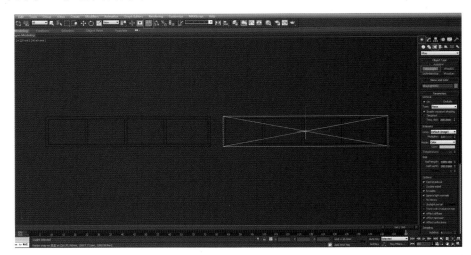，单击 ✶ 面板，单击灯光
按钮 ◀，单击【VRayLight】，如视图中所示位置创建光源，如图 5-76 所示；单击右键选择【Unhide
All】，关闭捕捉按钮 ，单击移动按钮 ✛，将 "VRayLight002" 沿 Y 轴向上移至视图位置，单击 ◢ 面板，
单击【Color】色块，设置【Red】：226，【Green】：240，【Blue】：255，如图 5-77 所示；将 "VRayLight002"
沿 X 轴实例复制至视图位置，同时选择 "VRayLight002-003" 单击镜像按钮 ▶◀，在弹出的对话框中设置【Mirror
Axis】：Y，单击【OK】结束操作，如图 5-78 所示。的

图 5-76

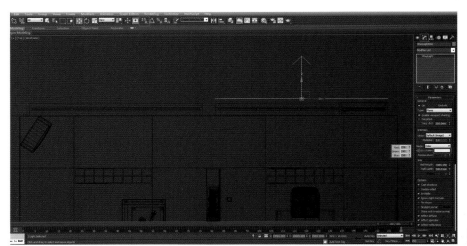

图 5-77

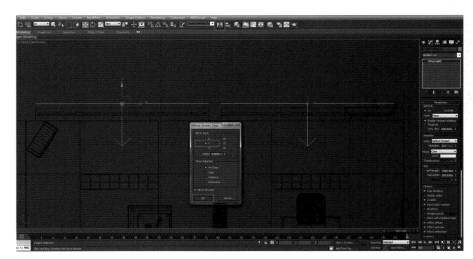

图 5-78

5.4.2 局部照明设置

1. 选择"灯片",单击右键选择【Hide Unselected】,单击捕捉按钮 ![],单击 ![] 面板,单击灯光按钮 ![],单击【VRayLight】,在视图中所示位置创建光源,如图 5-79 所示;切换 Front 视图,单击移动按钮 ![],将"VRayLight004"沿 Y 轴向上移至视图位置,单击 ![] 面板,设置【Multiplier】:7.5,单击【Color】色块,设置【Red】:255,【Green】:255,【Blue】:250,如图 5-80 所示,将"VRayLight004"实例复制,如图 5-81 所示。

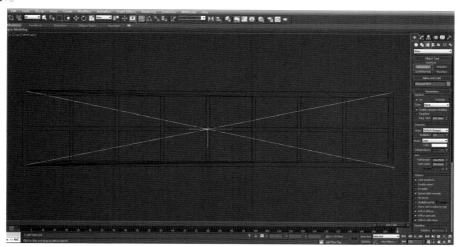

图 5-79

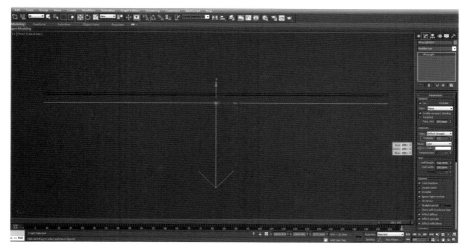

图 5-80

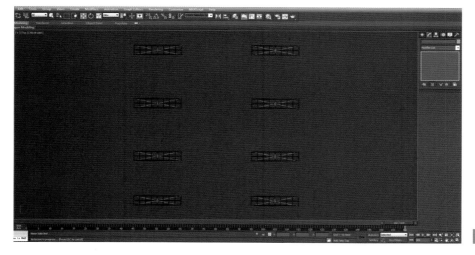

图 5-81

2. 单击右键选择【Unhide All】，选择"雷式射灯"，单击右键选择【Hide Unselected】，单击 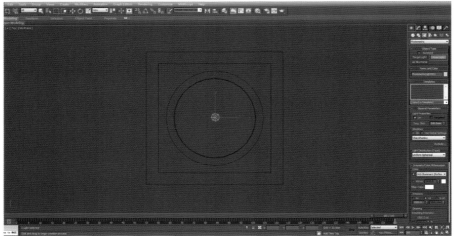 面板与灯光按钮 ◣，在下拉菜单选择单击【Photometric】，单击【Free Light】，如图 5-82 所示创建光源；切换 Front 视图，单击移动按钮 ✛，将"PhotometricLight001"沿 Y 轴移至视图位置，勾选【On】，更改下拉菜单为【VRayShadow】，更改下拉菜单为【Photometric Web】，之后单击【Choose Photometric File】添加"10"，单击【Filter Color】色块，设置【Red】：255，【Green】：242，【Blue】：213，设值【cd】：250，勾选【Area shadow】，设置【U size】：40，【V size】：40，【W size】：40，如图 5-83 所示；将"PhotometricLight001"实例复制，如图 5-84 所示。

图 5-82

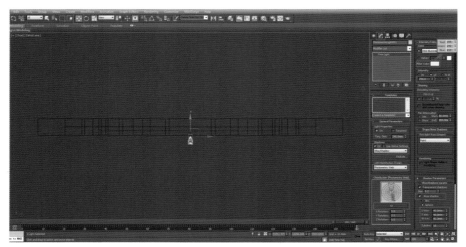

图 5-83

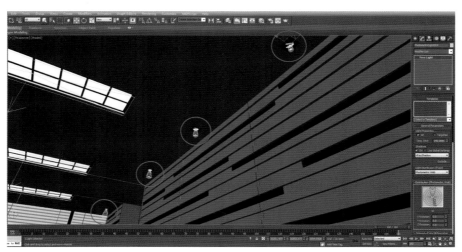

图 5-84

3. 选择"装饰射灯"，单击右键选择单击【Hide Unselected】，单击 ◼ 面板，单击灯光按钮 ◀，单击【Free Light】，如图 5-85 所示创建光源；切换 Left 视图，单击移动按钮 ✛，将"PhotometricLight004"沿 Y 轴向上移至视图位置，单击【Choose Photometric File】添加"9"，单击【Filter Color】色块，设置【Red】：250，【Green】：240，【Blue】：210，设置【cd】：200，勾选【Area shadow】，设置【U size】：40，【V size】：40，【W size】：40，如图 5-86 所示；将"PhotometricLight004"实例复制，如图 5-87 所示。

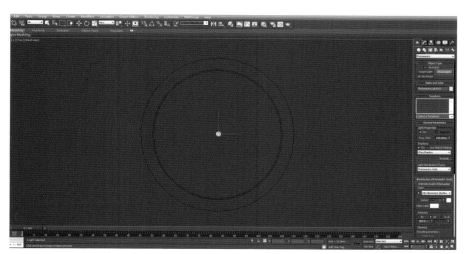

图 5-85

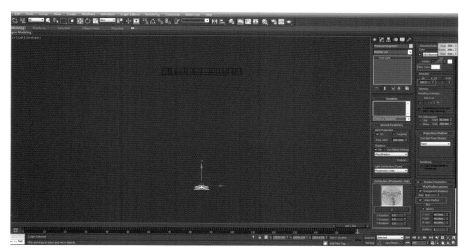

图 5-86

图 5-87

5.5 动画渲染引擎的设置

5.5.1 分帧测试

对于动画初学者而言，建议在正式渲染动画前对分帧进行测试，其目的是防止由于某种原因出现渲染错误从而导致渲染反复。

1. 单击渲染面板按钮 ，弹出渲染面板并单击【Common】项，在【Assign Renderer】下单击【Production】后 ████，选择【V-Ray Adv 2.40.03】，如图 5-88 所示；单击【V-Ray】项，在【V-Ray::Frame buffer】下勾选【Enable built-in Frame Buffer】，如图 5-89 所示。

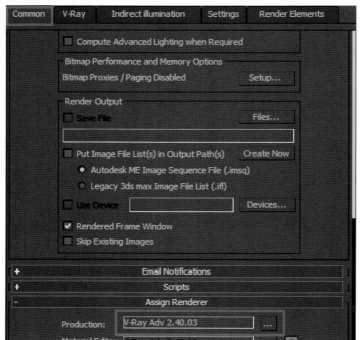

图 5-88

图 5-89

2. 在【V-Ray::Image sampler(Antialiasing)】下设置【Type】：【Adaptive DMC】，设置【Catmull-Rom】，如图 5-90 所示；在【V-Ray::Environment】下勾选【GI Environment (skylight) override】组下【On】选项，如图 5-91 所示；在【V-Ray::Color mapping】下设置【Type】：【Reinhard】，如图 5-92 所示。

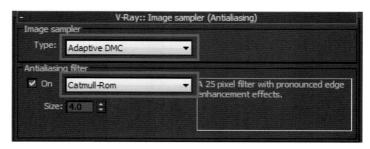

图 5-90

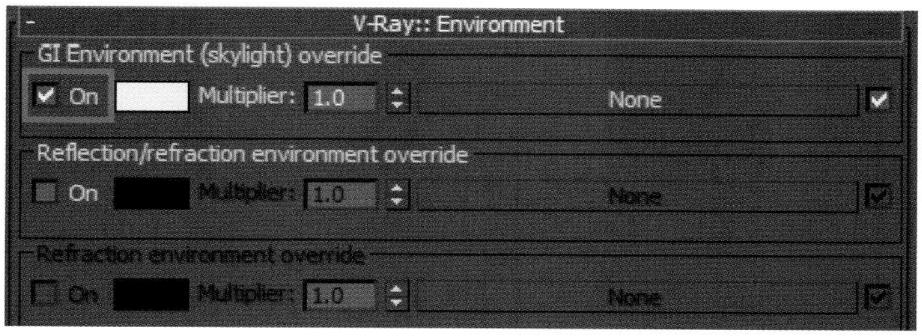

图 5-91

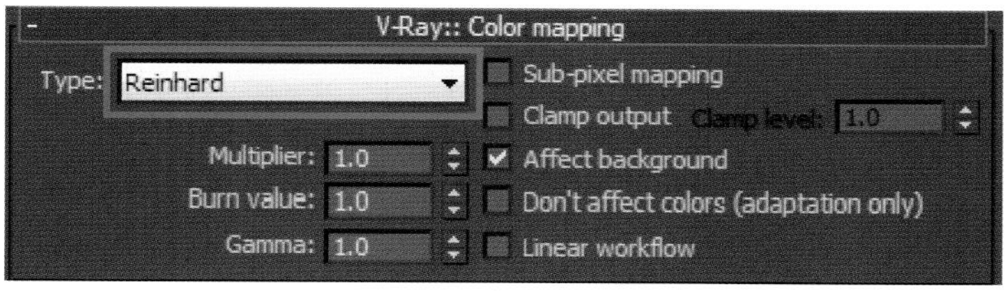

图 5-92

3. 单击【Indirect illumination】项，在【V-Ray::Indirect illumination(GI)】下勾选【On】，设【GI engine】为【Light cache】，如图 5-93 所示；在【V-Ray::Irradiance map】下设置【Current preset】:【Low】，勾选【Show calc.phase】选项，如图 5-94 所示；在【V-Ray::Light cache】下设置【Subdivs】: 400, 勾选【Store direct light】与【Show calc.phase】，设置【Filter】: None，如图 5-95 所示。

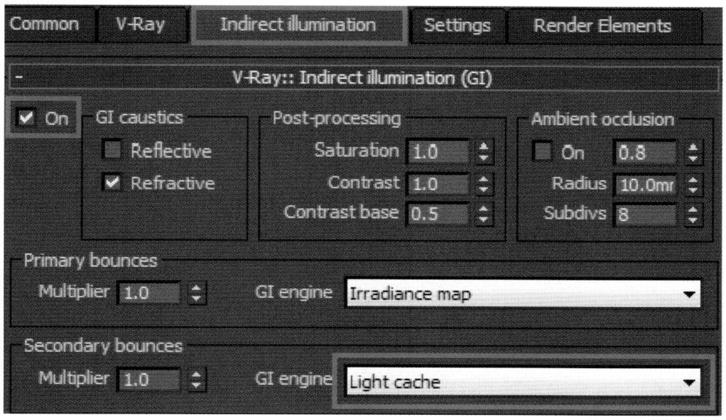

图 5-93

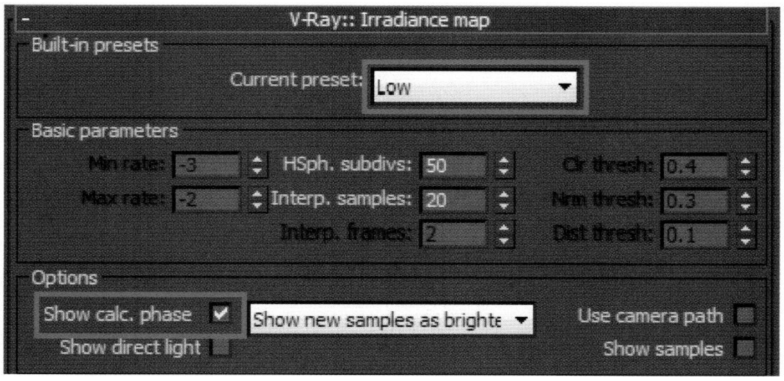

图 5-94

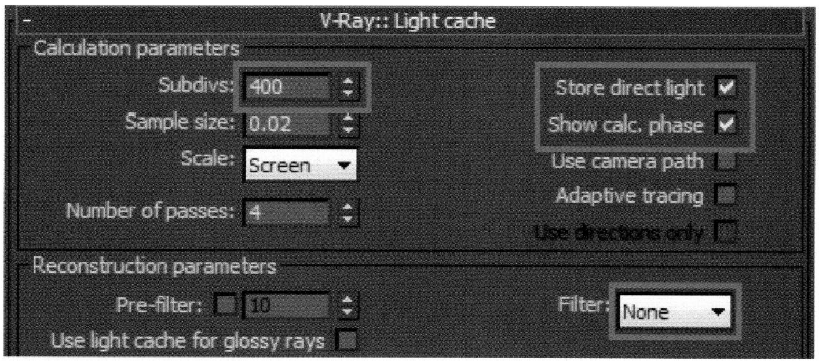

图 5-95

4. 单击【Settings】项，在【V-Ray::System】下设置【Render region division】组下【X】：128，增大渲染块，图 5-96 所示；单击【Common】项，在【Common Parameters】下设置【Frames】为 0，40，80，120，表示仅渲染该四处分帧，设置【Width】：600，【Height】：338，之后单击锁定按钮，如图 5-97 所示。

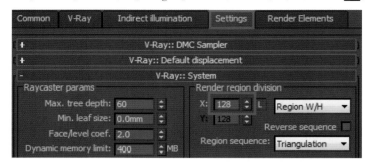

图 5-96

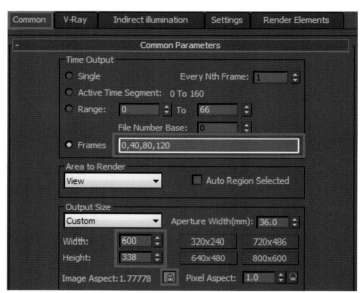

图 5-97

注意：实践证明，根据计算机 CPU 好坏或内存大小，将渲染块改为 128 或 256 可以加快渲染速度，但也不能将此值过分变大，因为当计算机资源消耗到瓶颈时也极有可能适得其反。

5. 切换 Camera001 视图，单击渲染按钮，依次渲染效果如图 5-98 所示；在【Common Parameters】下设置【Frames】为 10，60，110，160，表示仅渲染该四处分帧，设置【Width】：600，【Height】：338，之后单击锁定按钮，如图 5-99 所示；切换 Camera002 视图，单击渲染按钮，依次渲染效果如图 5-100 所示。

图 5-98

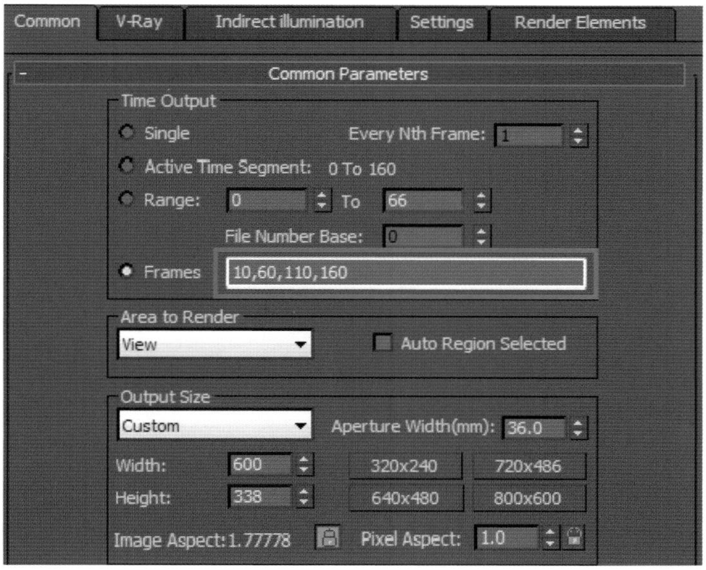

图 5-99

图 5-100

注意: 从渲染分帧的效果可以看出大体光感与色彩层次表现较为合理,但场景中整体的细节与精度还存在一定欠缺,这是由于渲染参数设置较低所造成的, 因此在后继工作中,将提高相关参数设置从而提高画面的质量, 同时也能够更好地突出质感。

5.5.2 保存光子贴图的方法

对于 Camera001 动画而言, 仅为相机动画的静帧状态, 如果动画渲染都以单帧模式处理会极大影响渲染速度, 因此可以使用通过保存光子贴图的方法进行渲染。

1. 单击【V-Ray】项, 在【V-Ray::Global switches】下勾选【Don't render final image】, 即不渲染最终结果, 如图 5-101 所示。

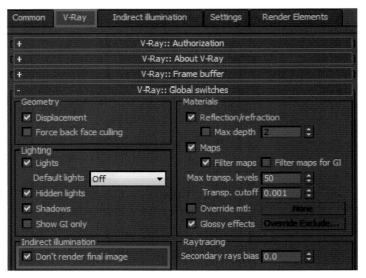

图 5-101

2. 单击【 Indirect illumination 】项，在【 V-Ray::Irradiance map 】下设置【 Current preset 】:【 High-animation 】,
设置【 Mode 】:【 Incremental add to current map 】, 勾选【 Auto save 】, 单击【 Browse 】按扭设置光子保存
路径并将光子文件名命名为 "分镜一 .vrmap", 勾选【 Switch to saved map 】, 如图 5-102 所示。

图 5-102

3. 在【V-Ray::Light cache】下设置【Subdivs】: 1000，设置【Mode】:【Fly-through】，勾选【Auto save】，单击【Browse】按扭设置光子保存路径并将光子文件名命名为"分镜一.vrlmap"，勾选【Switch to saved cache】，如图 5-103 所示。

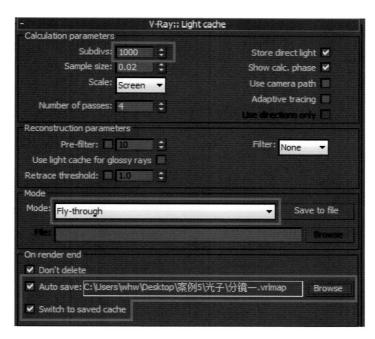

图 5-103

5.5.3 准蒙特卡罗采样器的设置

DMC Sampler 是 VRay 的核心组成部分，用于评估渲染过程中的每一种模糊，包括：模糊反射、模糊折射、面光源、全屏抗锯齿、次表面散射、景深、运动模糊等效果，因此，其下所有参数都跟渲染品质与渲染速度有关。

单击【Settings】项，在【V-Ray:: DMC Sampler】下设置【Adaptive amount】: 0.75,【Noise threshold】: 0.005,【Min samples】: 15，如图 5-104 所示。

图 5-104

注意：DMC Sampler 参数对于渲染质量而言非常重要，其各个参数理解与分析具体如下：

【Adaptive amount】适应数量控制早期终止的应用程度，较小的取值会减慢渲染时间增强图象效果，较大的取值会加速渲染。这是因为该值取 0 时不会应用早期性终止，值取为 1 时，表示应用最大程度的早期性终止。

【Noise threshold】噪波极限值控制最终图像中的噪波数量，较小的取值会减少图象的噪波效果，同样会使用更多的样本数量，减慢渲染速度。

【Min samples】最小采样决定早期性终止被使用之前使用的最小的样本，较高的取值会减慢渲染速度。

【Global subdivs multiplier】全局细分倍增可以倍增提高任何细分质量，但是也会因此消耗巨大渲染时间，建议没有特殊表现细节的情况尽量不使用或少使用该参数。

5.5.4 渲染步幅设置与渲染序列帧

1. 单击【Common】项，在【Common Parameters】下设置【Every Nth Frame】: 10，即每 10 帧计算次光子。勾选并设置【Range】: 0 To 120，如图 5-105 所示；切换 Camera001 视图，单击渲染按钮 ，渲染完成后单击【Indirect illumination】项，在【V-Ray::Irradiance map】与【V-Ray::Light cache】下观察两个渲染引擎

中自动保存成【From】模式，如图 5-106，图 5-107 所示。

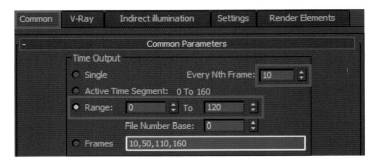

图 5-105

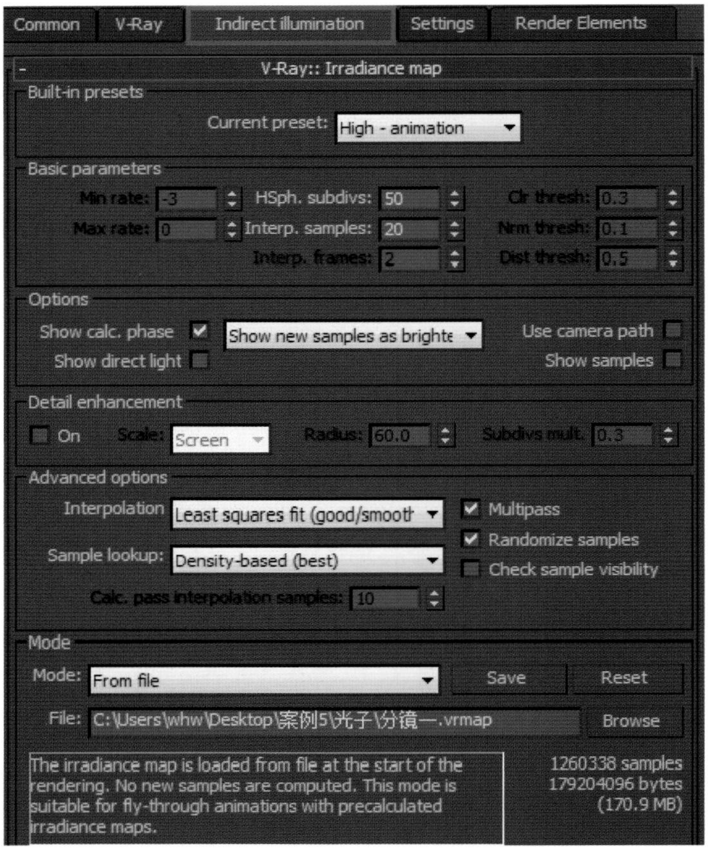

图 5-106

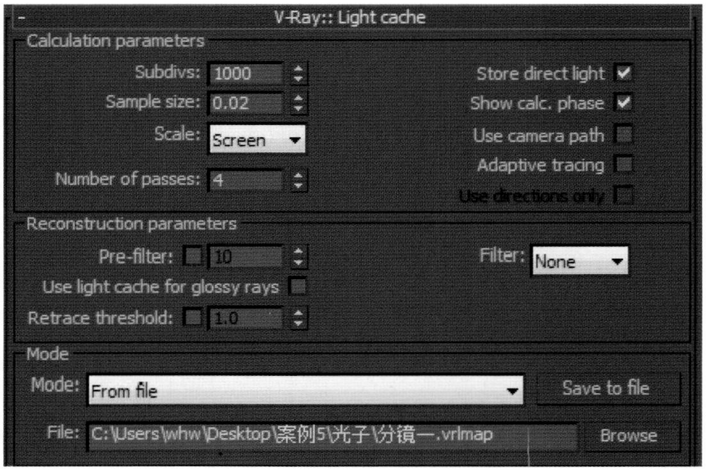

图 5-107

2. 单击【V-Ray】项，在【V-Ray::Global switches】下取消勾选【Don't render final image】，即恢复渲染最终结果，如图 5-108 所示；单击【Common】项，在【Common Parameters】下设置【Every Nth Frame】：1，即将设置还原为单帧渲染，仅设置【Width】:1200，计算机便会自动约束【Height】:675，并单击【Files…】，设置输出路径文件名为"分镜一"，并且设置图像格式为".bmp"，如图 5-109 所示。

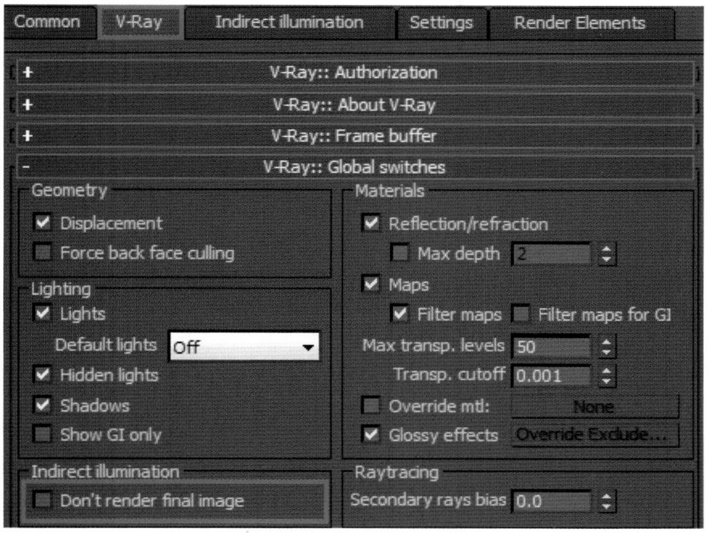

图 5-108

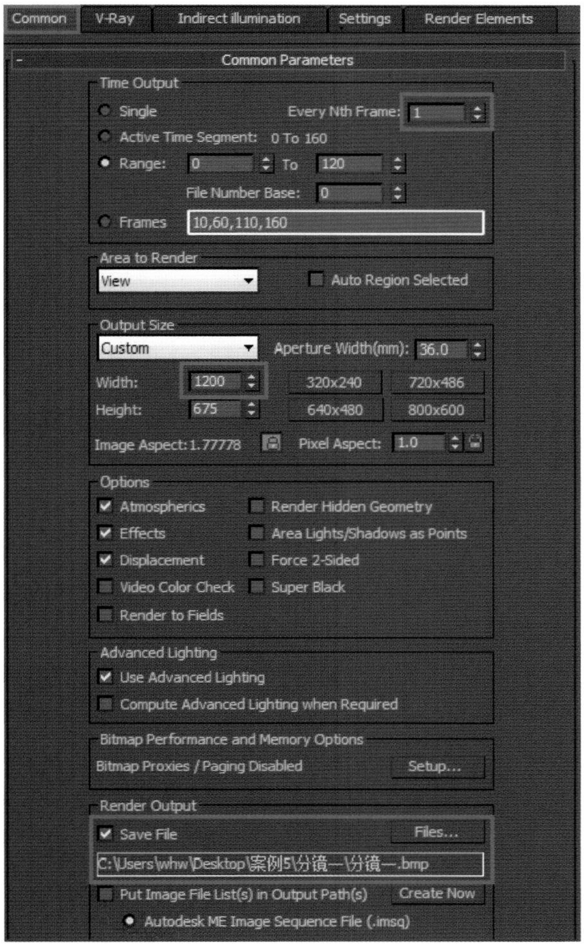

图 5-109

3. 单击渲染按钮 ，渲染完毕后，即得到了所要的序列帧图片，分别观察最终输出序列第 0 帧、60 帧、120 帧，如图 5-110~ 图 5-112 所示可以看出提高相关渲染参数以后画面质量得以大幅度的提高。

图 5-110

图 5-111

图 5-112

　　注意：通常情况下在正式渲染动画序列之后，建议读者先不要离开，至少看着计算机渲染出若干帧并且无错误后再离开。不要轻视这一步，在实际工作中很多时候都是因为在最后设置时粗心马虎，导致一些不必要的渲染错误。

4. 单击【Indirect illumination】项，在【V-Ray::Irradiance map】下设置【Mode】：【Single frame】，如图 5-113 所示；用相同的方法在【V-Ray::Light cache】下设置【Mode】：【Single frame】，如图 5-114 所示。

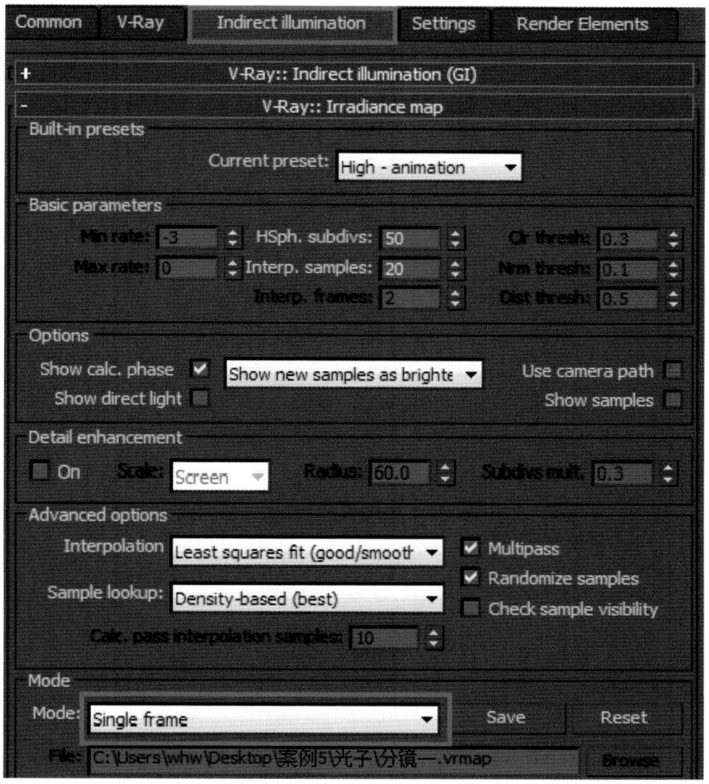

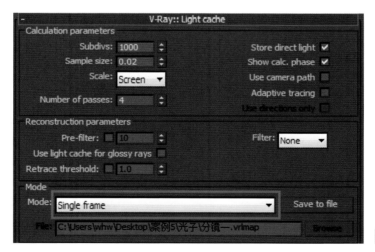

图 5-113

图 5-114

注意：之前渲染引擎中所使用的【Mode】：【Incremental add to current map】与【Fly-through】仅是基于相机运动路径而言的，若物体存在变形生长类运动路径则该方法无法正确计算出每帧 GI 信息，其因此需要通过在两个引擎中设置【Mode】：【Single frame】的方法逐步进行渲染，虽然此方法会消耗较多的渲染时间，但是能够有效的保证每帧 GI 信息计算准确无误。

5. 单击【Common】项，在【Common Parameters】下勾选并设置【Range】：0 To 160，单击【Files…】，设置输出路径文件名为"分镜二"，并且设置图像格式为".bmp"，如图 5-115 所示；切换 Camera002 视图，单击渲染按钮，渲染完毕后，分别观察最终输出序列的 80 帧、160 帧，如图 5-116，图 5-117 所示。

图 5-115

图 5-116

图 5-117

5.6 动画后期特效与合成

完成渲染序列帧以后，将进入后期合成的制作，后期制作的软件很多，如 Discreet 公司的 Conbustion，Nothing Real 公司的 Shake，Pinnacle 公司的 Commotion 等，但是从特效上而言，业内使用最广泛，受欢迎度最高的还是 Adoble 公司的 After Effects。

After Effects 作为针对制作运动图像与视觉效果而开发的非线性编辑软件，被广泛地应用于电影制作，多媒体、录象以及众多领域的后期制作中，新版本的 After Effects 带来了前所未有的卓越功能。它的操作灵活、方便等特点，被称为动画制作中的"Photoshop"。

1. 打开 After Effects，单击【Edit】，选择【Preferences】，并在其下拉菜单单击【Import】，弹出对话框，设置【Sequence Footage】参数为 20，单击【OK】结束操作，如图 5-118 所示。

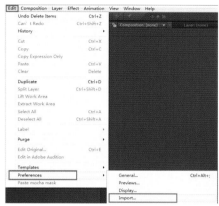

图 5-118

2. 单击菜单栏【Composition】，选择【New Composition】，在弹出的快捷菜单中设置镜头总长度【Duration】：20 秒，单击【OK】结束操作，如图 5-119 所示；单击菜单栏【File】，选择【Import】，在其下拉菜单单击【Fils…】，弹出对话框找到指定路径，勾选【Force alphabetical order】，单击【打开】结束操作，如图 5-120 所示；用相同的方法将"分镜二"导入，将"分镜一、分镜二"素材层依次拖拽到时间线中，并将"分镜二"排在"分镜一"后面，如图 5-121 所示。

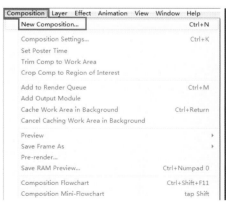
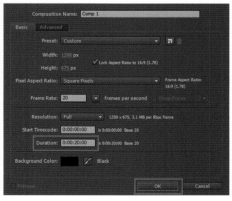

图 5-119

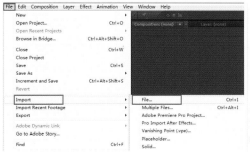

图 5-120

图 5-121

3. 在层编辑窗口选择"分镜一"，单击菜单栏【Effect】，选择【Color Correction】，并在其下拉菜单单击【Levels】，在其面板下调节【Gamma】为0.90。既使画面增加中间色，又使画面更显层次感，如图5-122所示。

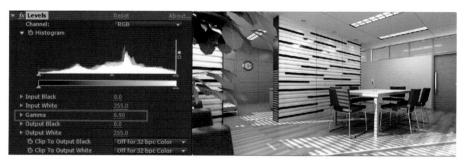

图 5-122

4. 单击菜单栏【Effect】，选择【Color Correction】，并在其下拉菜单单击【Curves】，在其面板下如如图 5-123 所示调整曲线，拉开层次关系。如果想重置调节可以按还原图标 ◥；更改下拉菜单为【Blue】，如图 5-124 所示调整曲线，使得中间色调局部偏蓝色。

图 5-123

图 5-124

5. 将时间轴移动到 6 秒位置，单击菜单栏【Effect】，选择【Color Correction】，单击【Brightness & Contrast】，在面板下，调节【Brightness】为 1，【Contrast】为 5，即使画面素描关系更有力度感，如图 5–125 所示；单击菜单栏【Effect】，选择【Color Correction】，单击【Color Balance】，在其面板下，【Shadow Red Balance】为 10，【Shadow Green Balance】为 10，【Shadow Blue Balance】为 15，如图 5–126 所示。

图 5–125

图 5–126

6. 单击菜单栏【Effect】，选择【Color Correction】，在下拉菜单中选择【Hue/Saturation】，在其面板下设置【Master Saturation】为 15，如图 5–127 所示；单击菜单栏【Effect】，在下拉菜单中选择【Blur&Sharpen】，并在其下拉菜单单击【Sharpen】，在其面板下设置【Sharpen Amount】为 2，如图 5–128 所示。

图 5–127

图 5–128

7. 在层编辑窗口选择"分镜二"，将时间轴移动到 14 秒位置，单击菜单栏【Effect】，选择【Color Correction】，并在其下拉菜单单击【Levels】，在其面板下调节【Gamma】为 0.98，如图 5–129 所示；单击菜单栏【Effect】，选择【Color Correction】，并在其下拉菜单单击【Curves】，在其面板下如图 5-130 所示调整曲线；更改下拉菜单为【Blue】，如图 5-131 所示调整曲线，使得中间色调局部偏冷蓝色。

图 5-129

图 5-130

图 5-131

8.单击菜单栏【Effect】，选择【Color Correction】，单击【Brightness & Contrast】，在面板下，调节【Brightness】为 2，【Contrast】为 2，如图 5-132 所示；单击菜单栏【Effect】，选择【Color Correction】，单击【Color Balance】，在其面板下，【Shadow Red Balance】为 12，【Shadow Green Balance】为 8，【Shadow Blue Balance】为 15，如图 5-133 所示。

图 5-132

图 5-133

9. 单击菜单栏【Effect】，选择【Color Correction】，在下拉菜单中选择【Hue/Saturation】，在其面板下设置【Master Saturation】为 15，如图 5-134 所示；单击菜单栏【Effect】，在下拉菜单中选择【Blur & Sharpen】，并在其下拉菜单单击【Sharpen】，在其面板下设置【Sharpen Amount】为 2，如图 5-135 所示。

图 5-134

图 5-135

10. 按快捷键【空格】将动画预览一次，通过预览可以发现动画两个分镜从头到尾都处在匀速运动之中，可以适当将每个分镜开始与结束作为停顿点，这样可以给予观看者驻足观察的时间。

在时间轴下选择"分镜一"，按快捷键【Ctrl+C】复制该图层，再按快捷键【Ctrl+V】粘贴，单击下侧滑动块将时间轴适当放大，如图 5-136 所示；单击鼠标右键选择【Time】，在其下拉菜单中单击【Freeze Frame】，即在 0 秒位置冻结动画，之后将第一条图层末端压缩到 1 秒位置，即该冻结时间仅为 1 秒，并将第二条新图层始端放置 1 秒位置，放置过程中可利用时间轴线移动至 1 秒作为参考线，如图 5-137 所示。

图 5-136

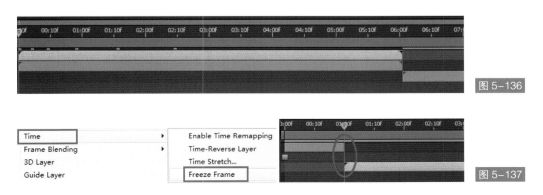

图 5-137

11. 将第二条图层按快捷键【Ctrl+C】复制该图层，再按快捷键【Ctrl+V】粘贴，并将第三条新图层放置 7 秒位置冻结动画，如图 5–138 所示；将第三条新图层末端放置到 9 秒位置，并将始端压缩到 7 秒位置，如图 5–139 所示。

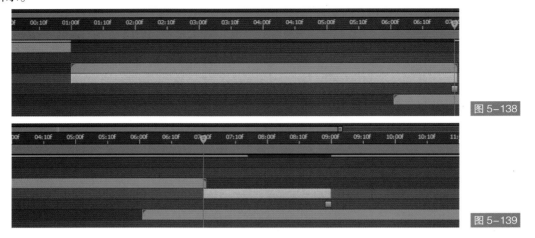

图 5–138

图 5–139

12. 将时间轴移至 8 秒位置，将第四条图层始端移至 8 秒位置，按快捷键【Ctrl+C】复制该图层，再按快捷键【Ctrl+V】粘贴并冻结动画，如图 5–140 所示；将时间轴移至 10 秒位置，将第四条新图层末端压缩到 10 秒位置，并将第五条图层始端移至 10 秒位置，如图 5–141 所示。

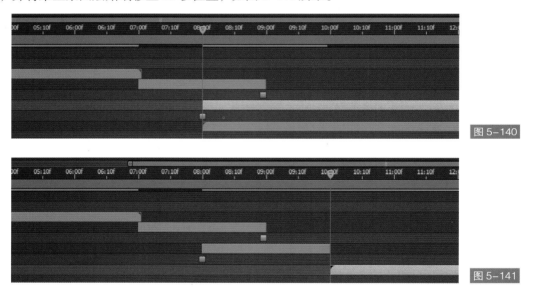

图 5–140

图 5–141

注意：细心的读者会发现在第四、五条图层有重合 1 秒的时间，这是为最后镜头转场过渡所提供的时间长度。

13. 将时间轴移至 18 秒位置，将第五条图层按快捷键【Ctrl+C】复制该图层，再按快捷键【Ctrl+V】粘贴并冻结动画，如图 5–142 所示；将时间轴移至 10 秒位置，将第六条图层末端放置 19 秒位置，将其始端压缩至 18 秒位置，如图 5–143 所示。

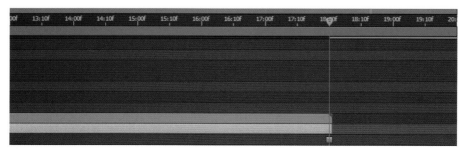

图 5–142

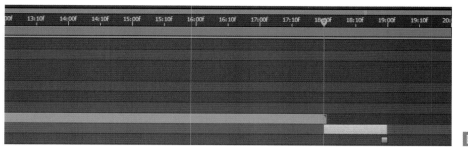

图 5-143

14. 开始制作转场，将时间轴移至 8 秒位置，选择第三条图层快捷键【T】，在左侧【Comp1】层编辑窗口下单击单帧编辑按钮，增加转场关键帧，如图 5-144 所示；将时间轴移至 9 秒位置，在左侧【Comp1】层编辑窗口设置【Opacity】为 0%，即确定淡入淡出的转场时间为 1 秒，如图 5-145 所示。

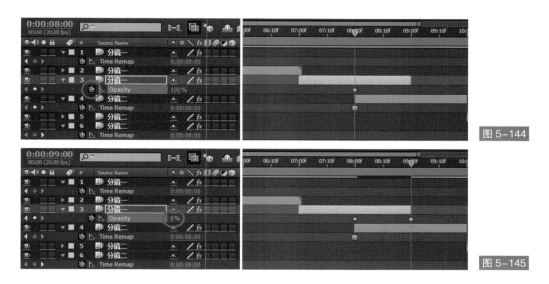

图 5-144

图 5-145

15. 选择素材面板中【Comp 1】，单击菜单栏【Composition】，在其选项卡单击【Composition Settings…】，弹出对话框更改【Duration】: 19 秒，单击【OK】结束操作，如图 5-146 所示；单击菜单栏【File】，选择【Create Proxy】，在其选项卡单击【Movie…】，弹出【Render Queue】对话框，如图 5-147 所示。

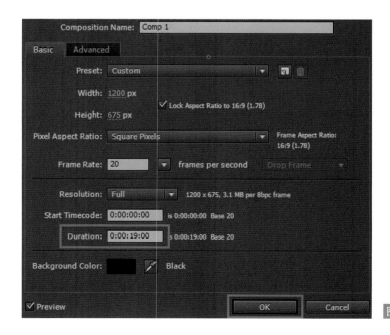

图 5-146

图 5-147

16. 在【Render Queue】下单击【Custom：" Draft Settings"】，弹出对话框设置【Quality】：Best，【Resolution】：Full，【Frame Blending】：On For Checked Layers，【Motion Blur】：On For Checked Layers，【Proxy Use】：Use No Proxies，单击【OK】结束操作，如图 5-148 所示；单击【Custom：AVI】，弹出对话框设置【Channels】：RGB，单击【OK】结束操作，如图 5-149 所示；单击渲染面输出板中【Comp 1.avi】，更改最终文件名并保存路径后单击【Render】按钮，将输出成片。

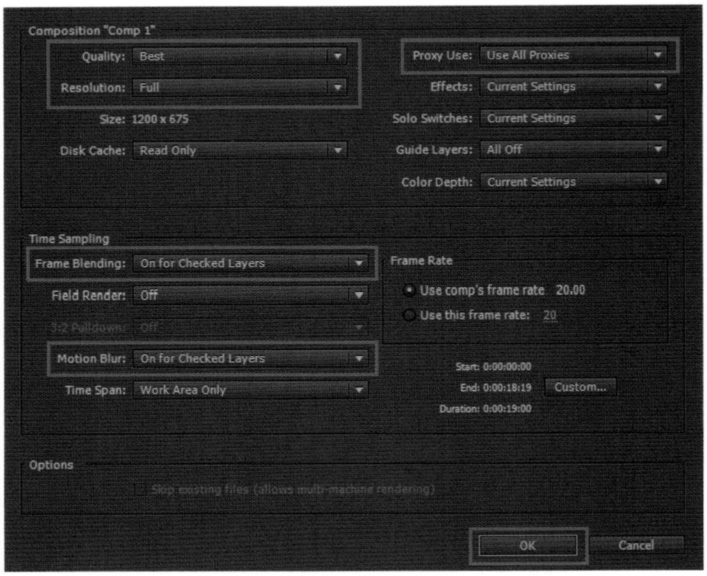

图 5-148

图 5-149

注意：如果时间线下的图层包含了背景音乐，在最终输出前必须勾选【Audio Output】,经过 After Effects 输出成片后，已生成了一个无损格式的 AVI，但是由于文件巨大，播放速度也十分缓慢，需要对其进行压缩可以忽略一些不敏感的颜色，减小文件大小。目前有关压缩的格式很多，对于动画而言，常用的格式为 WMV、MPG、MOV、RMVB 等，建议读者可以在网上下载 WinAVI Video Converter、狸窝视频转换器等相关软件进行压缩，此类软件操作极其简便，本书则不一一介绍。

17. 经过后期特效与合成后的最终动画成片，通过播放器打开，动态截图如图 5-150、图 5-151 所示。

图 5-150

图 5-151

小结：本章重点介绍了分镜动画与变形生长动画的设置方法，以及在动画场景中调节材质灯光并进行渲染与后期合成的综合应用技术。通过本章学习，希望让读者理解制作一部优秀的虚拟动画作品是需要付出一定耐心与时间的，不仅需要技术上具备熟练的应用技术，还需要对艺术审美有全方位的认识，同时也需要掌握一定镜头语言知识，这样才能创作出较好的作品。动画创作的过程并非单纯的个人行为，因此要多去尝试理解别人对相同事物的不同认识，只有这样才能获得更多的表现语言，能够懂得用不同的观点去欣赏同一个事物，让自身作品的形式语言更加丰富多彩。

参考文献

[1] 林军政．3ds Max+VRay 建筑动画表现技法 [M]．北京：清华大学出版社，2007

[2] 范玉婵．3ds Max／VRay 室内效果图渲染技法 [M]．北京：机械工业出版社，2009

[3] 实景工作室，尹承红，唐文杰 .3ds Max 建模技术精粹 [M]．北京：清华大学出版社，2012

[4] 彭国安．3ds Max 建模与动画 [M]．武汉：华中科技大学出版社，2012

[5] 王康慧．3ds Max 高级角色建模 [M]．北京：清华大学出版社，2012

[6] 郑宏飞，张瀚．3ds Max／VRay 室内外效果表现 [M]．北京：机械工业出版社，2013

[7] 刘丽霞，邱晓华．3ds Max 动画制作高级实例教程 [M]．北京：中国铁道出版社，2014

[8] 朱江．中文版 3ds Max 2014 技术大全 [M]．北京：人民邮电出版社，2014